all about coffee tools for you

COFFEE TOOLS

咖啡器具
品鉴·保养指南

(韩)朴星圭 著
(韩)Samuel Lee

韩冰 译

电子工业出版社
Publishing House of Electronics Industry
北京·BEIJING

序言

我对咖啡产生兴趣源于偶然间在一家小咖啡馆喝到的一杯美式咖啡。以前虽然喝过很多咖啡,但是那次喝到的绝对是最美味的。从那之后我便经常出入于这家咖啡馆。因为是一间小咖啡馆,久而久之就与咖啡馆主人熟悉起来。聊天的过程,我了解到了许多以前不曾知道的与咖啡相关的知识,竟然借此深深陷入了咖啡的世界。之后每次去那家咖啡馆,总是会品尝来自新产地的咖啡,并且品尝到了使用多种咖啡器具萃取的咖啡,比如滴漏式咖啡、冰滴咖啡、摩卡咖啡等。接触到的多样的咖啡器具也为我打开了前所未闻的咖啡新世界。

用最简单的滴漏壶来萃取咖啡时,虽然咖啡豆是一样的,但是萃取的人不同,咖啡的味道也各不相同。那时,我才真正感受到咖啡的味道确实是根据产地、种类、烘焙程度、萃取器具以及萃取人的变化而不同。之前对咖啡的认识很模糊,觉得咖啡是只有通过了相关资格考试的咖啡师才能萃取,后来才知道只要熟悉并熟练使用咖啡萃取的器具,即使没有资格证书也能萃取出好喝的咖啡。而且渐渐地,我在喝咖啡时也能品鉴出咖啡的味道哪里好,哪里还有问题。学会品鉴咖啡的味道以及能点评出咖啡存在的问题是非常大的进步,并且这个过程有趣又简单。

过了不久,我了解到有一些在做咖啡培训项目的小咖啡馆,会教一些像我这样对咖啡感兴趣的人如何轻松地制作咖啡。这样,无论是在家里还是在办公室,甚至是旅途中都能享用好喝的咖啡。甚至一些对咖啡热情高涨的人还开了自己的咖啡馆,成为了专业的咖啡师。这些学过咖啡知识的人们都一致表示制作咖啡真的不难。

prologue

展现咖啡师萃取技术，其中一项就是可以按照自己喜欢的咖啡豆的味道并根据这种咖啡豆的特征选取适合的咖啡器具来调节咖啡的味道。即使是相同的咖啡豆，因萃取的方式和使用的器具不同，味道也会不一样。因此可以说，器具的重要性仅次于咖啡豆。本书介绍了全世界备受瞩目的11种咖啡器具的历史和有趣的故事、使用小贴士、器具开发者及专家访谈，还有专业人士的使用评价。本书的目的就是教给大家如何自己动手萃取咖啡，并且告诉大家如何使用不同的器具和咖啡豆，萃取出专属于自己的好味道。许多读者告诉我，通过本书，他们对于咖啡器具的理解日益加深了。希望大家能通过这本书享受美好的咖啡生活，萃取出专属于自己的咖啡味道。

朴星圭，Samuel Lee

目录

序言 • 6

摩卡壶 MOKAPOT • 10
　　咖啡实验室1 烘焙 • 26

新式法压壶 ESPROPRESS • 28
　　咖啡实验室2 咖啡豆的粉碎度 • 44

爱乐压 AEROPRESS • 46
　　采访爱乐压发明人 Alan Adler • 61
　　咖啡实验室3 水温 • 63

手工滴漏式咖啡壶 HAND DRIP • 64
　　采访 SCAJ 认证咖啡师福良淳一 • 83
　　咖啡实验室4 纸 vs 纤维(布) vs 固体(铁等) • 85

CHEMEX 手冲咖啡壶 • 86
　　咖啡实验室5 咖啡豆的保存 • 102

法兰绒滴漏咖啡壶 FLANNEL DRIP • 104
　　采访 SCAJ 认证师冈安一樹 • 117
　　咖啡实验室6 咖啡的百分之八十都是水！那么使用什么样的水呢？• 119

contents

越南滴漏咖啡壶 VIETNAM CAFE PHIN•120
咖啡实验室7 成为咖啡高手·135

冰滴咖啡壶 DUTCH COFFEE•136
咖啡实验室8 咖啡等级·152

虹吸咖啡壶 SYPHON•154
采访世界虹吸咖啡壶大赛亚军中山庆喜·176
咖啡实验室9 咖啡豆命名法·178

ROK 手压浓缩咖啡机 ROK ESPRESSO MAKER•180
咖啡实验室10 咖啡处理过程(coffee processing)·194

土耳其咖啡壶 IBRIK•196
咖啡实验室11 新鲜的咖啡豆·212

咖啡器具综合评价•213

摩卡壶 MOKAPOT

"想在家里喝咖啡的话,大家都买这款壶吗?"
想在家里萃取咖啡的K先生看到某间咖啡馆中用于装饰的摩卡壶时问道。虽然摩卡壶在很多时候已经成为了装饰品,但是仍能被称为"家庭咖啡器具代表者"。

品名 Bialetti Moka Express (1人用)

材质 铝 橡胶

大小(长×宽×高)
165×65×130mm

咖啡篮直径 46mm

摩卡壶的构成 COMPONENTS

1. **上壶（盛装壶）** | 摩卡壶的上端部分，用于盛装咖啡液。
2. **咖啡篮** | 安置在下壶上，用于盛装咖啡粉。
3. **压力阀** | 用于将压力维持在一个稳定范围内。
4. **下壶（炉子）** | 摩卡壶的下端部分，用于盛装水。
5. **过滤板** | 铁质过滤板，用于过滤咖啡粉。
6. **垫圈** | 橡胶制，用于固定过滤板以及阻止水和气体渗出壶外。

摩卡壶的历史 HISTORY

1918年,在意大利北部皮耶蒙特大区的小城市奥梅尼亚(Omegna),经营小型工厂的Alfonso Bialetti先生看到周围的女性普便在使用传统洗衣机liciveuse,从而产生了将这种洗衣机工作原理应用于咖啡器具上的想法。Liciveuse的洗衣原理即利用蒸汽压力将底部的肥皂水引入中央导管然后喷洒洗衣。于是在1933年,Bialetti终于生产出这种被称为"摩卡壶Moka Express"的咖啡用具。之后,"摩卡壶Moka Express"凭借其实用性与低廉的价格在意大利家庭中的普及率达到了百分之九十,为浓缩咖啡的大众化做出了重要的贡献。

摩卡壶的故事 TOOL STORY

家庭咖啡的代表用具

在摩卡壶发明之前,咖啡还是在咖啡馆中进行社交生活的男人们喜爱的饮品。但是自摩卡壶普及以后,以女性为中心的在家中享用咖啡的家庭咖啡文化发展起来。因为与滴漏式咖啡壶一样并不需要较高的技术,所以摩卡壶成为开始尝试制作家庭咖啡的人们最先使用的工具。"Aeropress"(爱乐压)出现之后,摩卡壶的地位受到了威胁,但对于刚开始制作家庭咖啡的人来说还是很有魅力的。

战争也阻止不了喝一杯咖啡

有种说法是第二次世界大战中,意大利军队的失败与吃有关,因为意军以常吃饕餮大餐闻名。本以为是开玩笑,然而英国随军记者Alan Moorehead在其撰写的《美洲从军记三部曲》中却说这种说法并不夸张。Alan在实地采访"指南针大战"时见证了3万英军歼灭13万意军的胜利。在意军的马车中发现了各种压缩蔬菜、帕玛森奶酪,以及红酒等食物,士兵们甚至还使用个人用的摩卡壶萃取浓缩咖啡来结束一餐。所以说,战争也不能阻挡意大利人喝一杯咖啡。

寻找咖啡油脂

咖啡馆中使用的浓缩咖啡机,气压通常为9pa,即9个大气压,所以萃取出新鲜浓缩咖啡的标准泡沫和咖啡油脂都是金黄色的。但是摩卡壶一般是用1~

2个低气压来萃取的,所以用摩卡壶萃取出的咖啡一般难以看到咖啡油脂。因此对于喜欢咖啡油脂的人来说,摩卡壶并不是多么有吸引力的器具。为了让喜欢咖啡油脂的人能品尝到带油脂的咖啡,Bialetti先生在原来的咖啡壶基础上增加了压力轴,使其能够以4个大气压来萃取浓缩咖啡,虽然并不是很完美,但是它仍被评价为"使咖啡爱好者在家中也能享用不逊于外面的浓缩咖啡",因此也为咖啡油脂的争论画上了休止符。

再来一杯浓缩咖啡

Bialetti发明的摩卡壶上画着一位举起一根手指并且留着小胡子的绅士。这是1958年Alfonso Bialetti的儿子Renato Bialetti画的漫画。举起的手指意思是再来一杯咖啡。以这幅漫画为灵感制作的电视广告一时间大热,大大提高了摩卡壶的销量。

摩卡壶中的男子

2016年3月11日,意大利的一座教堂中举行了一场特别的葬礼。遗属们在巨大的摩卡壶面前难掩悲伤。是的,不是骨灰盒,而是摩卡壶。这只特殊的摩卡壶是享年93岁高龄离世的Renato Bialetti先生的骨灰盒。Renato Bialetti是Alfonso Bialetti品牌的会长,还是摩卡壶发明人Alfonso Bialetti的儿子,并且是将摩卡壶推广到全世界的人。使用摩卡壶作为骨灰盒是Renato Bialetti的遗嘱。由此足以看出这个将摩卡壶从意大利传播到全世界的男人对于摩卡壶的热爱。

使用须知 NOTICES

咖啡炸弹

在网上可以看到一些咖啡爱好者"吐槽"使用摩卡壶的苦恼：摩卡壶在使用后期常出现爆炸或者咖啡烧干的情况。因为浓缩咖啡是利用强压来萃取的，所以如果压力控制不当，就会如炸弹一般危险。但是无需担心，记住以下4项注意事项就能避免此种情况的发生：

1. 上壶与下壶要安装紧密。
2. 咖啡豆选取要适量。
3. 火力要按照壶底大小进行调整。
4. 咖啡萃取结束前要一直关注摩卡壶。

热壶warming-up

金属质地的摩卡壶很有可能沾上金属粉或者机油。因此在购入摩卡壶之后,要简单地清洗然后晾干。在正式使用前,用久置的咖啡豆进行二到三次萃取试验。按照摩卡壶的使用方法萃取即可,但请勿饮用。

必备用品Must have item: 圆形支架

大部分使用摩卡壶的咖啡爱好者常出现的失误就是不购买圆形支架(三脚架)。

我们平时使用的燃气灶的铁环与大部分摩卡壶底的大小不般配,如果使用不当,就会发生摩卡壶打翻、烧毁的情况。因此如果为了在家中制作咖啡而购买了摩卡壶的话,同时购买一个圆形支架是不错的选择。此种圆形支架在网店或者大型超市均有售。

摩卡壶使用方法 INSTRUCTION

准备用具：

摩卡壶，圆形支架（三脚架），燃气灶（酒精灯），水（1人饮用约75毫升，2人饮用约110毫升），勺子，咖啡粉（研磨粗细：比浓缩咖啡机用咖啡粉要粗／1人饮用约7克，2人饮用约12克）

1.将上壶与下壶分离后，将水注入至压力阀的位置。使用热水能够压缩萃取时间。但热水会使下壶变烫，因此，端取下壶时请使用手套或者毛巾。

2.将研磨好的咖啡粉倒入上壶（盛装壶），将上壶与下壶安装好。请注意，此时如果用力挤压咖啡粉的话，可能不能有效萃取咖啡。因此以上壶的高度为基准，将咖啡粉均匀倒入咖啡篮即可。

3.将上壶与下壶壶口处的咖啡粉处理干净后,将上壶与下壶拧紧。请注意,如果握着上壶手柄进行旋转的话,可能会损坏手柄。

4.将圆形铁架(三脚架)置于燃气灶(或酒精灯)上面,在这之上再放置壶盖打开的摩卡壶。将燃气灶的火苗调节至不超过摩卡壶底为宜。

5.当咖啡萃取至上壶中部时,为了防止咖啡味道不至于流失过多,可将燃气灶关闭。为了防止萃取到最后咖啡液会四溅,关火的同时需盖上壶盖。关火后,摩卡壶的余温会令咖啡继续萃取。

6.萃取完成后,搅拌浓缩咖啡,使其上下味道变均匀。之后按照个人口味直接饮用或者添加牛奶或冰淇淋即可。

使用小贴士 TIPS

关火的时间=属于我自己的独一无二的味道

用摩卡壶萃取浓缩咖啡时,一开始时是浓香与刺激的酸味等强烈的味道,中间时是酸味与苦味参半的味道,最后出现的是强烈的苦味。也就是说关火的时间不同,品尝到的浓缩咖啡的味道不同。一般来说,浓缩咖啡萃取到中间时关火最好,但是咖啡作为一种因人而异的饮品,并没有规定一定要何时关火才是最好。如果按照自己的口感喜好来关火,就能制作出属于自己的咖啡配方。

用滤纸制作出干净的味道

将纸质滤纸放置于咖啡篮与上壶之间,过滤掉粉末与咖啡油脂就能喝到纯净的咖啡。可以购买Kalita公司制造的摩卡壶专用滤纸,或者在测量咖啡篮直径后放上大小合适的滴漏式咖啡滤纸。

购买与保养 BUY/MAINTENANCE

1. 购买

摩卡壶

可以购入铝质的（1人用），不锈钢材质的（1人用），陶瓷材质的（2人用）

消耗品

根据制造商、大小、材质的不同，价格也会有差异。

咖啡篮 大约30~90元

过滤板 大约10~60元

把手 约20~50元

垫圈 约12~45元

圆形铁架（三脚架） 约50元

摩卡壶专用滤纸 约50元

2.保养

1.铝质或者不锈钢材质虽然有区别,但都是会生锈的材质,所以保养摩卡壶的关键在于防止水汽的侵袭。虽然有人说上下壶要分开放置,但是一般情况下,大家都倾向于上下壶不拆卸放置。所以只要用干毛巾或者厨房用纸将壶身的水分全部擦干后安装在一起放置即可。陶瓷材质的摩卡壶则要注意保管,不要打碎。

2.铝质的摩卡壶若被腐蚀,常会出现白化现象,即出现白色斑点。这种现象出现后就会持续出现铝锈。出现白化现象是无法阻止的,所以一旦出现白化现象,这只摩卡壶基本上就算"寿终正寝"了。不锈钢材质的摩卡壶若出现锈斑的话,用小苏打或者铁丝球用力擦掉,就会马上变得像新的一样。

3. 清洗

1.等待热的摩卡壶完全冷却。

2.将摩卡壶上下壶分离。

3.除去咖啡篮里的咖啡残渣。用嘴轻吹去咖啡篮下端壶嘴上的残渣,方便清洁。

4.请用温水与柔软的清洁布清洗摩卡壶(不要用洗涤剂或餐具清洗剂)。

5.用叉子或者筷子将固定在上壶的垫圈与过滤板分离之后再清洗。但要注意如果经常分离的话,垫圈会变大,会缩短垫圈的寿命。

6.等待摩卡壶完全干燥后再收起。

专业人士的评价 STAFF'S EVALUATION

使用摩卡壶制作咖啡的5位专业人士对此器具进行评价。

使用的便利性
■■■□□ 3.2　只要调节好粉碎度和咖啡量，萃取就不会失败。

洗涤管理
■■■□□ 2.6　想喝咖啡的话要将壶身全部拆卸，喝完咖啡后还要清洗并擦干，确实有点麻烦。

趣味性
■■■■□ 3.7　只要能将萃取咖啡的空间由燃气炉移动到桌子上，即使有点麻烦，仍然很有趣。

经济性
■■■■■ 4.3　在家中能享用到浓缩咖啡的最低廉的方式。

设计
■■■■■ 4.5　无论大小其设计都能让人眼前一亮。

推荐配方 RECOMMEND RECIPE

美式咖啡
用摩卡壶萃取的浓缩咖啡比用浓缩咖啡机萃取的口味略淡，因此用它来萃取美式咖啡是再合适不过的。

咖啡实验室1

烘焙

生咖啡豆被称为普通咖啡豆（coffee bean）。炒生咖啡豆的方式不同，其味道也不同。炒咖啡豆的过程叫作"咖啡豆烘培"，日本称之为"焙煎"。炒咖啡豆时一般会发生化学和物理反应。炒的方式也分为直接加热和用蒸气加热，或者两种混合的方式。就像用碳烤和用烤箱烤出的味道不同一样，火源是燃气还是卤素，炒出的咖啡豆的味道也是各异的。

烘焙者要了解这一过程就要把握好各种咖啡豆的特征，找到能让咖啡豆发挥出最佳味道的烘焙方式。找烘焙方式又叫作"抓烘焙点"：哪种咖啡豆要浅烘焙，哪种咖啡豆要深烘焙。即使相同的咖啡豆，有的人喜欢将它深烘焙，也有人喜欢将它浅烘焙。正是因为并没有关于烘焙程度的固定答案，所以许多人说制作咖啡有难度。

因为不可能也没有必要让所有人都满意，因此烘焙者要有自己的烘焙哲学。烘焙没有绝对的正确答案，只有烘焙者按照自己喜欢的味道来决定烘焙点。因此许多相同的咖啡豆能烘焙出味道不同的咖啡。A咖啡馆的肯尼亚aa级咖啡豆可能与B咖啡馆的肯尼亚aa级咖啡豆制作出的咖啡味道不同的原因就在于此。

但是烘焙咖啡豆时有一些普遍规律。浅烘焙的话能很好地体现出咖啡的特性并且酸味比较明显。中烘焙的话，能够使咖啡豆的香气和咖啡体更加强烈。深烘焙的话能够使苦味和甜味变浓，其他的特征变弱。将咖啡豆烘焙到哪种程度是烘焙者的选择。因此，如果遇到与自己喜好相似的烘焙者的话，通常也能遇到合适的咖啡豆。简言之，购买咖啡豆时，浅烘焙的能突出咖啡特性和酸味，中烘焙的具有均衡感，深烘焙的则突出了苦味和甜味。近年来流行的精品咖啡往往追求的就是能突出咖啡豆的特征并且酸味不错的浅烘焙。

ⓒ photo by kris krüg

新式法压壶 ESPROPRESS

"我见过它。它是沏茶的工具吗？还是打牛奶泡沫时用的呢？"

法压壶french Press，虽然很常见，感觉操作方法也不是很难，但是真正用过它的人却不多。能将咖啡最本源的味道体现出来的法压壶现在进化成了新式法压壶。让我们一起来体会新式法压壶的魅力吧！

品名 新式法压壶

材质
1.瓶身：不锈钢
2.滤纸：聚丙烯，聚丙烯腈，硅胶

大小（直径×瓶身×整体）
1.小（8oz）：75×180×200mm
2.中（18oz）：90×210×230mm
3.大（32oz）：105×230×250mm

制造商 ESPRO INC（加拿大）

新式法压壶的构成 COMPONENTS

1. **壶身** | 盛装咖啡粉和水的金属容器。
2. **滤压器手柄** | 咖啡萃取时用手按压的部分。
3. **密封圈** | 连接滤压器上端和滤压器下端的部分。
4. **手柄螺母** | 用来连接上端过滤网中间部分与按压手柄。像螺丝的螺母一样旋转式连接。
5. **下端过滤网** | 获得专利认证的两层过滤器。比一般的法压壶过滤网网孔细9~12倍,能很好地起到过滤咖啡粉的作用。
6. **密封圈** | 按压过滤网,密封圈的橡胶线会拉伸,一直固定在过滤网边缘。
7. **滤网** | 向下按压滤压器时,咖啡液在滤网中间穿过,让释放在咖啡表面的水溶性物质萃取得更加充分。

新式法压壶的历史 HISTORY

© photo by Kris Atomic

据历史记载，1852年，法国的Msyer与Delforge二人在金属盘上加了一层布制的过滤网，从而制作出了被认为是最早的法压壶。但是由于当时技术的落后，无法将过滤网完全放入壶中。1929年，意大利咖啡壶设计师Atillio Calimani发明了固定过滤网边缘的橡胶圈后解决了这个难题，于是便申请了专利。法国人发明的咖啡器具却被意大利人申请了专利，不得不说是一种黑色幽默。之后，法压壶在1935年被意大利人Bruno Cassol, 1958年被Faliero Bondanin改良后，再次在法国流行起来。此后由于法国Bodum公司将新式法压壶大众化之后将其传播到了全世界，法压壶因此被视为法国的咖啡用具。2004年，加拿大人Brue Constantine和Chris Mclean制造的最先进的新式法压壶横空出世。新式法压壶利用不锈钢双层壁（stainless double wall）和两层微孔滤网（micro filter）能长久保持咖啡的丰富与纯粹的味道，重现了20世纪初法压壶的超高人气。最近，众筹服务公司kickstarter还通过众筹方式制造出了便携式的新式法压壶——旅行咖啡壶。

新式法压壶的故事 TOOL STORY

星巴克CEO喜爱的咖啡用具

星巴克CEO Howards Schultz 在一次采访中被问到最喜欢的咖啡是什么,他回答"用法压壶制作的咖啡"。他还指着法压壶称赞说"它将最好的咖啡带给了人类"。据说他会在早上散步后喝一杯用法压壶萃取的咖啡。不知道是否因为反映了CEO的喜好,星巴克的店铺中很容易就能买到作为特别商品售卖的bodum公司出品的法压壶。

· Howards Schultz 独家配方: 2匙苏门答腊咖啡粉(1杯),将刚煮沸的水倒入法压壶,将咖啡粉与水搅拌好,3~4分钟后用滤纸过滤即可。

ⓒ photo by Bryan Mills

制作简单却令人难忘的味道

法压壶与手工滴漏式咖啡一样,不需要高难的技术,只需要最简单的咖啡器具就可以。只要放入咖啡粉然后注入水,一定的时间后用过滤器将咖啡粉滤出就制作完成令人难忘的咖啡了。因为法压壶使用的是铁制过滤器而不是滤纸,因此在萃取咖啡时能够品尝到咖啡的所有成分,享受到咖啡的丰富味道。在2013年的World Brewer's Cup (世界手冲咖啡大赛)上,来自韩国的咖啡师郑仁成（音译）便是使用了最先进的法压壶取得了优胜奖。法压壶可使咖啡豆充分释放出味道，因此使用品质愈好的咖啡豆愈可以使咖啡味道更加醇香。因此，如果你得到了好的咖啡豆，我极力推荐你使用新式法压壶来萃取。

Made in Canada

新式法压壶比普通法压壶要贵，这不仅仅是因为其高保温能力以及使用了优质滤网。普通法压壶是在加拿大设计之后在亚洲等地贴牌生产的，但新式法压壶从设计到制作所有的工序都是在加拿大完成，因此高品质的原材料加上新技术的使用，形成了高价格。

为连环杀手准备的咖啡

美剧《嗜血法医》中令人印象深刻的片头十分有名：一个平日的清晨，追捕连环杀手的法医戴克斯特在吃过早餐后，磨碎咖啡豆然后用法压壶制作咖啡。这个片头一直使用到第八季。

一石三鸟

1. 茶壶

    如果将咖啡粉换成茶叶的话,法压壶就能变成很好的茶壶。1茶匙茶叶用250ml的热水冲泡就可以了,等待1~2分钟之后就能喝到味道不错的茶。

2. 牛奶起泡机

    加入热牛奶,然后用过滤器一直按压,就能制作出好看的牛奶泡沫。

3. 冰萃咖啡

    在原本的配方比重上加入1.5倍量的咖啡粉和冷水,一次性搅拌好。12个小时之后再搅拌一次,之后再等2个小时。最后拿出滤网,倒出咖啡,就能喝到好喝的冰萃咖啡啦。

使用须知 NOTICES

不要在滤压器之间放入咖啡粉

小号的新式法压壶,其滤压器的上端和下端之间的设计与中号和大号的不一样。将上端滤压器与下端滤压器拆开时,中间有个看起来像是盛装咖啡粉的空间。其实这是为了让咖啡粉能更好的过滤而留出的空间。但是初学者看到这个空间就会放入咖啡粉进行萃取,这样做会使萃取出的咖啡因粉末较多而无法正常饮用。

盖子还是很热

新式法压壶因为是双层不锈钢构成的,且手柄是中空的,所以即使倒入热水,壶身和手柄也不会很热。有人会因为了解了这一特点就认为使用法压壶完全不会被烫伤,因此也有不小心摸到壶盖而烫到手的人。因为与壶盖连接的滤压器和壶盖仍是用导热材质制作的。虽然不会导致严重的烫伤,但还是不要让小孩子摸到它。

新式法压壶的使用方法 INSTRUCTION

准备用具：

新式法压壶，热水（约95℃），咖啡粉（粉碎程度：法压壶用程度）
木质搅拌棒，杯子，手冲壶，定时器

1.用热水先将新式法压壶和杯子预热。

2.倒掉预热用水，在新式法压壶中放入准备好的咖啡粉。

3.按水位线慢慢注入热水。注水的同时注意看水位线再慢慢倒水。小型壶没有水位线，只要接近手柄下方四分之三处即可（约300ml）。

4.用木质搅拌棒将水与咖啡粉轻轻搅匀。搅拌时间越久越能感受到深厚的风味，与此同时味道也更加强烈。根据你的爱好省略这一过程也可以。

大小	原豆量(g)	水量 (ml)	倒水线
小号（S）	15~20	300	手柄下方四分之三处
中号（M）	18~27	450	下线
	24~36	600	上线
大号（L）	30~45	750	下线
	40~60	1000	上线

5.将过滤器保持在朝上的状态（一定不能朝下放置），关闭壶盖。这时将壶口周围的咖啡渣清除干净，这样在萃取时就能将粉末量减到最小。

6.等待4分钟，咖啡的味道就能完全被萃取出来。

7.时间到了，慢慢压下滤压器。可能会因为壶体内部的压力使得滤压器不容易下压，此时只要将滤压器稍微向上提一下即可。

8.将杯子中的预热用水倒掉后，再倒入咖啡。将新式法压壶中的咖啡一滴不剩一次性全部倒入杯中，或者继续倒入其他杯中，以免萃取过度。

使用小贴士 TIPS

1.下压滤压器时,如果感到费力可以调节咖啡粉的粉碎度,或者再次将水与咖啡粉搅拌均匀。但是在下压滤压器之前要检查一下咖啡粉是否已过滤好了。

2.咖啡的味道如果太寡淡可以增加咖啡豆的量,调整萃取时间以及搅拌次数,或调节咖啡粉的研磨粗细。但是按照推荐咖啡豆量(每100ml水使用5~6g咖啡豆)和一定的萃取时间(3~5分钟)来调节比较好。

3.使用中烘焙以上的咖啡豆,咖啡会苦味较重。

4.想要提高酸味,需调节水的温度。

购买与保养 BUY/MAINTENANCE

1. 购买

法压壶

因产地和型号不同,价格也不同,一般售价在300~1200元之间。

零件: 滤压壶套装和替换用线可网购或在咖啡馆购买。

2. 保养

1.当滤压器损坏无法正常过滤咖啡粉时,可购买替换用滤压器套装。当上下过滤壶无法正常安装或者按压滤压器无法正常萃取咖啡时,购买替换用线。

2.在没有拆卸滤压器的壶身中装满热水,一个小时后将水倒出,可以去除滤压器上剩余的咖啡残渣。

3. 清洗

1.去除新式法压壶中残留的水和咖啡粉末。因为残留的水会比较多,因此要将咖啡粉与水分开倒掉。

2.将上端滤压器与下端滤压器分离。

3.握住滤压器的圆柄,将上端滤压器朝逆时针方向旋转分离。

4.使用中性洗剂将壶身的各个角落都清洗干净。

5.待壶身完全干燥后再放置。

专业人士评价 STAFF'S EVALUATION

使用新式法压壶制作咖啡的5位专业人士对此器具进行评价。

使用的便利性

■■■■□ 4.0　使用与法压壶类似的器具来萃取咖啡,一般情况下操作都很简单。

清洗管理

■■■■■ 4.6　不易打碎和生锈。

趣味性

■■□□□ 2.1　并不知道壶内部发生的事情。

经济性

■■□□□ 2.4　材质为不锈钢,而且是进口产品,所以价格比想象中贵。

设计

■■■■□ 3.6　设计本身很简洁,看起来很完美。

推荐配方 RECOMMEND RECIPE

用精品咖啡豆萃取的咖啡

对于咖啡豆特性的表现能力较强,所以只要使用精品咖啡豆,都能萃取出完美的咖啡。

咖啡实验室2

咖啡豆的粉碎度

制作出好喝咖啡的一个重要因素就是咖啡豆的粉碎度。如果咖啡豆的粉碎度不合适的话,别说是好喝的咖啡了,有可能连咖啡都萃取不出。假如用摩卡壶咖啡豆的粉碎度来制作滴漏式咖啡的话,就会特别苦,不易入口。如果咖啡粉很细的话,有可能会阻塞过滤器,造成萃取时间过长或者水溢出滴漏杯。相反,如果以手工滴漏式咖啡壶的粉碎度用摩卡壶萃取咖啡时,萃取出来的就不会是浓香的浓缩咖啡而是寡淡的咖啡水。如果粉碎的很细,也不容易萃取出咖啡,而且摩卡壶壶身侧面还会有咖啡液渗出。这样看来,每种咖啡器具都有其适合的咖啡豆粉碎度,因此大部分的咖啡豆售卖者都会告诉你适合的咖啡豆粉碎度或者为你研磨好粉碎度合适的咖啡粉。

摩卡壶或者ROK这类的浓缩咖啡机所使用的咖啡豆其本身粉碎度就比较固定，所以粉碎度调节的余地并不大。但是在适合的范围内，咖啡粉粗细程度不同，味道也大不相同。但是手工滴漏壶和新式法压壶相对来说就能在大范围内调节粉碎度，可以通过不同的粉碎度来调节咖啡的味道。比如说使用法压壶萃取咖啡的话，咖啡豆研磨得比较粗时咖啡会比较酸，咖啡豆研磨得比较细时咖啡会比较苦。

即使用相同的咖啡豆、相同的道具、相同的方法制作咖啡，咖啡粉的粗细不同，咖啡的味道也会很不一样。想让咖啡的味道变化更多的话，试着调节咖啡粉的粗细吧。

爱乐压 AEROPRESS

"哇,这也太方便了吧!"

喜欢喝咖啡但是很怕麻烦的M先生说道。听说他要买咖啡器具,我便毫不犹豫地向他推荐了爱乐压!果然,试用几次之后他很满意地买了爱乐压。爱乐压——专门推荐给喜欢喝咖啡的"怕麻烦星人"。

品名 爱乐压

材质 共聚酯，聚丙烯，橡胶

大小(长×宽×高)
108×97×135mm

重量 368g

爱乐压的构成 COMPONENTS

1. **压杆** | 与滤筒相连接,用手按压的部分。
2. **密封圈** | 挂在压杆末尾的部分。
3. **滤筒** | 盛装咖啡液和水的部分。
4. **漏斗** | 盛装咖啡粉或者在萃取时如果滤筒口比杯子小时使用。除此之外在盛装咖啡豆时使用。
5. **滤纸和滤纸托** | 放入过滤盖中的滤纸(约350张)和滤纸托。
6. **搅拌棒** | 均匀搅拌咖啡粉和水的用具。
7. **过滤盖** | 将滤纸放入后连接滤筒过滤咖啡用。
8. **咖啡匙** | 爱乐压专用计量咖啡匙。

爱乐压的历史 HISTORY

爱乐压是2005年由美国aerobie公司CEO Alan Adler发明的。他喝咖啡时常常因咖啡残渣过多而烦恼不已,为了解决这个问题他冥思苦想,发明了与注射器同原理的爱乐压。与注射器外形类似,萃取原理也像注射器一样简单,并且以能够萃取出强咖啡体而闻名。2008年还举办了"World Aeropress Championshios"(WAC,世界爱乐压大赛)。有意思的是,aerobie公司以前是生产运动塑料圆盘的,与咖啡没有半点关系。这个与咖啡没有关系的公司,以及不那么热爱咖啡的CEO却为了解决喝咖啡时的烦恼而发明出了爱乐压,爱乐压真可以说是咖啡器具界的另类角色。

爱乐压的故事 TOOL STORY

适合现代人的咖啡工具

爱乐压最大的优点就是无论何时何地都能简单快捷地使用,而且清洗方便。除去研磨咖啡粉的时间,一般萃取咖啡的时间在1分钟左右,并且清洗咖啡残渣的时间也在1分钟左右。当然,如果萃取出的咖啡不好喝的话它就是无用之物!万幸的是,爱乐压以其萃取的咖啡丝滑纯粹而有名。对于在忙碌的清晨也要喝一杯咖啡的人来说,爱乐压真的是不二选择。另外,爱乐压的推荐水温是80~85℃,恰好与饮水机出水的水温差不多,加之368克的自身重量,使爱乐压携带起来十分方便。因此无论是在家中还是在办公室使用爱乐压都十分适合。

世界爱乐压大赛

与其他咖啡器具一样,爱乐压也有其咖啡萃取大赛。此项比赛是要选出用爱乐压萃取咖啡最多的人,竟然有参赛者在8分钟内为评委们萃取出了200ml咖啡。

再没有像咖啡这样仅使用一种原材料即咖啡豆,并且仅凭豆量、水温、注水量以及搅拌方法便可制作出有特点的饮品的了。评委们会盲品大赛提供的咖啡,然后选出优胜者,因此比赛也变得十分有意思。由于爱乐压有些休闲感,此项大赛也与其他严肃认真的比赛气氛完全不同。与其说是比赛,不如说是爱乐压爱好者的节日。

如果你想参加爱乐压大赛,先要在自己国家举行的爱乐压大赛中取得胜利。虽然是预选,但是对参赛者并没有特别的资格要求。在韩国,通过预选的参赛者中普通人比咖啡师还要多,甚至有一些人使用爱乐压还不到1个月。

谁都有享受好咖啡的自由

世界爱乐压大赛的公共网站是http://worldaeropresschampionship.com。网站上会公开往年前三名获奖者的咖啡配方。本来就是比较简易的用具,因此获奖者们的配方大家也都能活用。网站上公开的冠军们的咖啡配方也为人们用爱乐压萃取咖啡提供了参考。

反转后看到的新世界

在2009年的世界爱乐压大赛上,有几位参赛者采取了与以往正放使用爱乐压不同的方式,他们将爱乐压反转使用(inverted method),获得了热烈的反响。这个方法是为了解决正放萃取时水与咖啡粉充分接触的时间不够,以及有时会令一杯水直接倒入杯中等问题。这样的逆向萃取方式,就如同法压壶一样,调节了咖啡粉与水的接触时间,并且放入较粗的咖啡粉或茶叶的话也可以。也就是说,买一个爱乐压,就等于买了咖啡器具、冰滴咖啡器具和茶壶了!

环保新材料

爱乐压很轻便而且使用便捷,但是多少会令人疑惑这个看起来像是塑料制成的器具是否能接触热水。"它真的安全吗?""不会有化学物质吗?"有这些疑问也是无可厚非的。幸运的是,爱乐压的主要材料是共聚酯和聚丙烯,全部通过了美国FDA认证,最高可以承受100°C高温,是可被用作所有食品储存的绿色材料。实际上,共聚酯和聚丙烯是常被应用于制造婴幼儿用品、厨房用品等常要放入热水的容器的新材料。所以,爱乐压不会像一般塑料用品一样遇到热水会释放化学物质,可以安心使用。

爱乐压计时器

使用iphone手机的人们请注意!为iphone手机用户设计的"爱乐压计时器"程序上线啦!此程序提供给大家各种不同阶段的咖啡配方、豆量、水量,以及倒水时间、按压压杆的时间等,为各个阶段提供了计时器的功能,让你能制作出完美的咖啡。不过需要支付2.99美元,若要下载爱乐压冠军们的配方和

blue bottle等知名咖啡品牌配方的话要再另付1.99美元。但是省下几杯咖啡钱就能成为最好咖啡师的话也是值得的。大家不妨下载试试!

使用须知 NOTICES

玻璃杯

网络上可看到一些使用爱乐压的教学视频,一般是用玻璃杯或者萃取壶来盛放咖啡液的。这都是为了萃取时拍照好看,但却是冒险的行为。用爱乐压萃取咖啡时,压力可能会弄碎玻璃杯或者萃取壶。因此,为了安全起见最好使用陶瓷马克杯。

Multi plaid 漏斗

如果不了解漏斗的活用方法真的很容易忽视它。但是实际上漏斗是活用度很高的工具。首先它能将咖啡粉平稳地送入滤筒内。有时保温杯口比较小,咖啡粉不容易倒入的情况下,就可以将漏斗放在保温杯口再倒入咖啡粉。ROK 手压咖啡机和摩卡壶放咖啡粉时也能用到它。

© photo by Roland Tanglao

爱乐压的使用方法 INSTRUCTION

准备用具:

爱乐压 (滤筒, 过滤盖, 搅拌棒, 漏斗, 压杆), 过滤器, 咖啡粉 (爱乐压用, 15g), 热水 (80~85℃), 马克杯, 手冲壶

1.将滤筒、压杆、过滤盖拆开。

2.在过滤盖中放入滤纸, 旋转式安装在滤筒上。

3.在马克杯上放置已插入过滤盖的滤筒, 注入热水进行冲洗。

4.制作一杯咖啡大约需放入1咖啡匙咖啡粉, 用手摇晃使其表面呈水平状。此时用漏斗的话, 不用摇晃也能便捷地装入咖啡粉。

5.萃取量一般与滤筒上的刻度相当（比如，两杯就是刻度2）。慢慢注水。较温的水或者饮水机中的温水会比滚烫的开水更好一些。

6.用搅拌棒将咖啡粉与水搅拌10秒，直至咖啡粉完全融入水中。

7.将压杆插入滤筒，按照一定的压力下压，保持30秒。

爱乐压 **AEROPRESS** / 57

使用小贴士 TIPS

反转使用法——Lungo[注]咖啡／美式咖啡

1. 将压杆轻轻插入滤筒，在此状态下倒转放置。
2. 在过滤盖上放上滤纸，用水预热。这时过滤盖不用扣在滤筒上。
3. 放入1匙咖啡粉，摇晃滤筒使咖啡粉表面呈水平状。
4. 用热水慢慢将咖啡粉冲到水底。
5. 搅拌10秒钟，等到咖啡粉都被水慢慢融化。
6. 将过滤盖扣在滤筒上，快速倒置在马克杯上。
7. 轻轻按压，维持20~30秒。

没关系，是因为粉太细了

萃取时，按压压杆时感觉比想象中要费劲，但是此时也不能因为费力就不按压了，这是因为咖啡粉磨得太细了，所以在研磨时要磨得粗一点。除此之外，压杆的密封圈上出现热的水蒸气的话就能轻松地萃取咖啡。

世界上最软的金属

用于爱乐压的滤纸除了aerobie公司制造的之外，还有其他公司制造的金属滤纸。使用金属滤纸可以萃取出一般滤纸会过滤掉的咖啡油脂之类的成分，能够保持咖啡细滑的口感和丰富的口味。当然金属滤纸会萃取出一些粉末，大约与浓缩咖啡机的粉末量差不多。平时喝美式咖啡时，如果感觉不出异样，那么使用金属滤纸也没有关系。但是金属滤纸是半永久的，所以从长远来看，它比一般滤纸经济而且更加绿色环保。

注：Lungo咖啡：指用比正常用量多一倍的水，萃取出的浓缩咖啡。

购买与保养 BUY/MAINTENANCE

1. 购买

爱乐压

产地不同价格有差异。平均售价300~500元。

消耗品

不同的消耗品都能分门别类地购买。产地不同价格不同。

密封圈约60元

过滤盖约60元

滤纸（350张）约36~50元

金属滤纸约180元

2. 保养

按压压杆时感觉压力不如从前，若很容易就能压下去，就要更换新的密封圈了。

3. 清洗

1.在分离过滤盖之后，手持爱乐压按压压杆去除咖啡渣即可。

2.用水清洗过滤盖、压杆和滤筒。特别是密封圈内的咖啡渣或者咖啡油脂等要注意清洗彻底。

3.完全干燥后，将压杆有密封圈的一面放置于阴凉处。

专业人士评价 STAFF'S EVALUATION

使用爱乐压制作咖啡的5位专业人士对此用具进行评价。

使用的便利性

■■■■□ 4.0　不易碎,轻巧,适合出游时携带

清洗保养

■■■■■ 4.6　不要丢失其他部件

趣味性

■■■■□ 4.1　有了它,也可以制作浓缩咖啡

经济性

■■■■■ 4.5　用途繁多,价格低廉

设计

■■■□□ 3.6　看起来略显廉价,有些可惜

推荐配方 RECOMMEND RECIPE

单品咖啡(Straight Coffee)

放入满满1匙咖啡粉后按压,就能制作出如lungo咖啡或者美式咖啡那样的单品咖啡了。

采访爱乐压发明人 Alan Adler INTERVIEW

Q 请您自我介绍一下吧。

A 我是爱乐压的发明人 Alan Adler,也是拥有四十多项专利的发明家。

Q 爱乐压是怎样一种咖啡用具呢?

A 爱乐压是能在1分钟之内做出1~4杯美式咖啡或者浓缩咖啡的独一无二的咖啡器具。用爱乐压制作的咖啡,酸度是滴漏咖啡的五分之一,是法压壶咖啡的九分之一。

Q 作为爱乐压的发明者,爱乐压的优点和缺点是什么?

A 优点就是既快又方便,而且好喝,并且能萃取浓缩咖啡和美式咖啡。缺点是如果要萃取4人量的话,就需要长一点的时间。但只是这一点而已。

Q 爱乐压真的是一经开发出来就受到了大家的喜爱,现在还有其专属比赛。您在研发时预想过这样的结果吗?

A 用爱乐压萃取的咖啡很好喝,我想过它一定会受欢迎,但是没想过能拥有专属比赛。

Q 据说您当时是为了萃取原汁原味的浓缩咖啡而研发出来的，提供给使用者的配方也是浓缩咖啡的配方。但是许多人说它是制作lungo咖啡或者美式咖啡的好用具，您怎么看呢？

A 我觉得是因为很多人喜欢喝美式咖啡，所以才会这样使用爱乐压。但是用它萃取的拿铁也很好喝。爱乐压很适合用来制作拿铁，而且还能做得不错。

Q 您经常使用爱乐压吗？

A 在家时和妻子每天要使用两次。

Q 如何用一句话形容爱乐压呢？

A 能在1分钟之内制作出1~4人份的浓缩咖啡或者美式咖啡的便携式咖啡壶。

咖啡实验室3

水温

萃取咖啡时水温十分重要。水温不同，萃取出的咖啡的特性和味道也不同。萃取咖啡大约有3种方式：1. 用室温以下的水萃取咖啡。2. 用沸水萃取咖啡。3. 将咖啡粉与水一起煮沸。

用室温以下的水萃取咖啡是为了能充分萃取出咖啡的成分，最少需要2小时，最长需24小时萃取。这种萃取咖啡的方式有点像酿葡萄酒，并且能长久保存。冰滴咖啡就是用这种方式萃取的。

用沸水萃取咖啡的方式是最普遍的方式。大约在80~95°C之间萃取，温度越低酸味越强，也会有苦味出现，味道的变化很大。所以，即使用相同的咖啡豆且粉碎度一致，因水温的不同味道也会不同。因此长时间使用滴漏式咖啡壶或者法压壶的人会有自己喜欢的水温。

将水与咖啡粉一起煮沸，用接近100°C的水萃取咖啡。通常，土耳其式咖啡和虹吸式咖啡是用这个温度萃取，可得到较浓的咖啡。因水温在100°C，所以保持咖啡的味道比较容易。

调节水温就可以调节咖啡的味道。太苦的话就降低水温，想要减少酸味就稍微提高水温。请记住：仅调节水温就能使咖啡的味道发生变化！

手工滴漏式咖啡壶HAND DRIP

"水流保持在这个粗细程度可以吗?"

大家都知道,在美国或者欧洲使用特定滴漏杯时都会随意向内注水。使用手工滴漏咖啡壶看起来需要一些技巧,但其实并不难。

品名 Hario v60滴漏杯

材质 陶瓷

大小(长×宽×高)
119×100×82mm

手工滴漏式咖啡壶的构成 COMPONENTS

1. **滴漏杯** | 盛装滤纸和咖啡粉的有孔容器,放在萃取壶上面。
2. **肋骨** | 滴漏杯内部凹凸的部分。可起到将萃取时产生的气体和水顺畅排出,以及咖啡萃取后方便将滤纸取出等作用。个数越多,水流越细密,水排出的速度越快。
3. **萃取口** | 位于滴漏杯下端,用于倒出咖啡。
4. **萃取壶** | 接盛咖啡液的玻璃容器,位于滴漏杯的下方。
5. **手冲壶** | 手工滴漏专用壶。为了保持细水流和稳定,壶口一般比普通水壶细长。
6. **滤纸** | 过滤咖啡粉用。滴漏杯样子不同,折叠方式也有所不同。

手工滴漏杯的历史 HISTORY

使用手工滴漏杯需要细致精密的技术,很多人一直认为手工滴漏杯始于日本,实际上它源自德国。来自德国德累斯顿的Melitta Bentz女士,用儿子的作业本纸作为滤纸,放在带孔的铜器中过滤咖啡渣来萃取咖啡。使用带孔的铜器作为滴漏杯以及用纸作为过滤材质在当时是具有划时代意义的。因为与之前大家用布或者棉过滤相比,用纸过滤能制作出没有杂味的咖啡。之后,Melitta女士便创立了Melitta公司,开始制作改良的滴漏杯和滤纸。1937年,由Melitta公司开发的滴漏杯就是我们现在使用的手工滴漏杯的雏型。

西方国家普遍使用的咖啡器具在日本被发扬光大的有很多,滴漏杯可以说是其中之一。Melitta公司制造约50多年之后,1959年日本的Kalita公司开始尝试制作滴漏式咖啡壶。因为与滴漏式咖啡杯元祖Melitta的名字相似,所以甚至出现了"假的Melitta"的疑问。Kalita公司将滴漏式咖啡壶文化大众化,甚至连受到日本咖啡文化影响的韩国也认为"手工滴漏式咖啡壶=Kalita",足以见得Kalita在手工滴漏式咖啡壶中的知名度。

1925年,Kono Akira成立了虹吸式咖啡机专门公司。到了1973年,Kono公司用与一般滴漏式咖啡杯不同的方式,制造出了"Kono式滴漏杯Meimon"(名门滴漏杯)和"Kono式滴漏杯",将手工滴漏式咖啡壶高级化。实际上使用Kono式滴漏杯萃取咖啡是一种既难又很费时间的方式,但是萃取出的咖啡体较丰富。因此咖啡专家普遍都公认:使用Kono式滴漏杯的咖啡馆比其他的咖啡馆专业。

被称为日本"玻璃之王"的Hario品牌于1921年成立了玻璃专门制造公司,这家公司用高品质的耐热玻璃制造出大量的家庭用品以及工业和医疗用品。最具代表性的咖啡用具就是v60,虹吸咖啡壶,冰滴咖啡壶等。60度角v型模样的滴漏杯在2005年开始出售,可耐高温且不受温度急剧变化的影响,并且不会产生气味,因此被称为"最适合制作精品咖啡的器具"而备受关注。

手工滴漏咖啡的故事 TOOL STORY

选择滤纸

滤纸一般分为漂白滤纸和使用天然纸浆制造的棕色滤纸。漂白滤纸与棕色滤纸相比,纸浆味道少一些,给人更干净的感觉。但是漂白时使用的氯等物质会造成环境污染,因此才会有使用自然草浆的棕色滤纸出现。但是棕色滤纸的缺点是常带有纸浆的气味。

近年,一家知名的滤纸品牌进行了生产革新,即用氧漂白或者无染料漂白等环保的漂白方式来漂白白色滤纸,并且还制造出了使用竹子和针叶树等多种天然材质作为原料的高级滤纸。

优质的滤纸质地较厚,其内部是用纤维织起来的,这样既能够让水流通过又能够过滤掉杂质。

从细水流的强压中摆脱出来

提到手工滴漏式咖啡,最先想到的就是细水流,因为许多人为了制作滴漏咖啡,不断地努力制造出细水流。但是实际上滴漏咖啡需要的更可能是粗水流。在首尔的咖啡表演秀上演示手工滴漏式咖啡的来自日本Kalita公司的咖啡师说,在韩国,令他感到最惊讶的就是水流特别细。他强调说,韩国人使用的水流有点过于细了,其实这是不必要的。可能有人认为那不过是这位咖啡师的个人嗜好,但是其实每年来演示的咖啡师都提示过这个问题。手工滴漏式咖啡确实需要细水流,但是如果仅为了追求细水流而失去享受醇香咖啡的乐趣那就得不偿失了。所以说,咖啡这种嗜好饮品真的是没有确定的答案啊!

© photo by yoppy

不出现"咖啡面包"(coffee bread)吗?

在制作手工滴漏咖啡时最美好的瞬间之一就是当咖啡粉与水接触时,排出的气体上升,被咖啡粉和水汽闷在一起的过程,这也是咖啡的香气最浓烈的瞬间。由于咖啡粉膨胀起来,看起来很赏心悦目,因此被称为"咖啡面包"(coffee bread)。不过,很多时候制作手工滴漏式咖啡并不会产生咖啡面包。我们来看下是怎么回事吧。

| **新鲜度** 咖啡豆如果放置时间久了,其中的气体量就会减少。因此用不新鲜的咖啡豆制作滴漏咖啡的话就不会出现咖啡面包。同样,如果使用粉碎后贮存的咖啡豆,也比用不粉碎的咖啡豆还难看到咖啡面包。

| **水流** 太粗的水流只会划过咖啡粉的表面,而不是渗透过咖啡粉层。所以如果那样的话,就会让咖啡面包一下子"碎"了。

| **咖啡粉量** 如果粉量太少,而且厚度和密度不合适的话也不会出现咖啡面包。

实惠经济的pour over咖啡机

"这是什么水壶啊价格这么高?"这是想买手工滴漏式咖啡壶的人们常常会说的。但是使用pour over咖啡机的话,可以使人们摆脱使用手冲壶。pour over的意思是浇灌倾倒,也就是说并不像手冲壶一样需要极强的技巧,只要倾倒就可以了。所以pour over也可以用作一般的水壶。用一般的电水壶冲泡咖啡的话可能不是很合适,但是经常练习的话也能在一定程度上制造出细而稳定的水流。

产品 PRODUCTS

Kalita

萃取口	中间三个（呈一直线）
肋骨	细密的垂直的肋骨
萃取方法	浸渍式
样子	四角式

特征
1. 三个萃取口萃取，肋骨从上端到下端，出水量一定。
2. 可以萃取出中间带有明显酸味、体感轻盈的咖啡。主要为柔滑而又色泽明亮的咖啡。
3. 初学者使用起来很方便，也很容易就萃取出好喝的咖啡。

Kalita Wave

萃取口	中间三个（呈圆形）
肋骨	滴漏杯（水平肋骨）＋滤纸（垂直肋骨）肋骨细密
萃取方法	浸渍式／半浸渍式
样子	去角圆锥形

特征
1. 萃取口的排列不同以往的滴漏杯。
2. 降低萃取的技术难度，使每次萃取出的咖啡都能够维持基本水平。
3. 与专用滤纸的肋骨方向不同，与滤纸的接触面广，使滤纸不会倾向于一边，并且能快速萃取出味道更加均衡的咖啡。

Melitta

萃取口	中间一个
肋骨	滴漏杯1/2处较短的水平肋骨
萃取方法	浸渍式
样子	四角型

特征
1. 滴漏杯侧面的角度比Kalita更有倾斜度。
2. 肋骨比Kalita粗。
3. 滤纸的尺寸更大，而且缝合线呈"两行"。
4. 与Kalita相比，水流速度更慢，但萃取出的咖啡味道更加浓厚。

Melitta Aroma

萃取口	中间一个
肋骨	滴漏杯1/2处的垂直肋骨
萃取方法	浸渍式
样子	四角型

特征
1. 滴漏杯侧面的角度比Kalita更有倾斜度。
2. 肋骨比Kalita粗。
3. 与以往的Melitta不同，此款萃取口距杯底有1厘米的距离，能够防止过度萃取。
4. 要使用专用过滤器。

Hario

萃取口	中间一个大孔	特征	1.萃取时间快,咖啡味道纯正。
肋骨	紧密排列的螺旋形肋骨		2.萃取出的咖啡味道纯粹、柔滑,但是体感有点弱。
萃取方法	浸渍式		
形状	去角螺旋形		

Kono

萃取口	中间有一个比较大的口	特征	1. 肋骨不长,出水口小,因此能够萃取出味道浓醇的咖啡。
肋骨	滴漏杯1/2处较短且少的垂直肋骨		2.与其他滴漏杯相比,此款滴漏杯的角度更加倾斜。因此,数量相同的咖啡粉能够堆得更高一点,水流通过咖啡的时间变长,因此更能萃取出厚重而又好喝的浓咖啡。
萃取方法	浸透式		
形状	去角圆锥形		

材质比较

材质	塑料	陶瓷
优势	价格低廉,轻(方便携带)	价格比较低廉,保温性能好,长时间使用也不易变形
劣势	保温性能差,长时间使用会损伤内壁	重(携带性差),破损危险性高,导热性能差

材质	玻璃	铜
优势	能看到萃取过程	保温性能和导热性能好
劣势	破损程度高	价格高,保养麻烦

使用须知 NOTICES

叠滤纸

Kalita／Melitta

1. 将虚线部分折起。
2. 将滤纸向后旋转，将侧面的虚线部分折起。

Kono／Hario v60

1. 沿侧面的虚线部分折起。
2. 当没有四角滤纸时，将滤纸向反面折，按照折线将两边折起即可。

小心边缘

注水时，当水接触到滴漏杯壁时，水无法浸入粉层的话会直接冲到滤纸，从而直接注入到杯中。这样就会使得咖啡成分无法被充分萃取出来，使得咖啡味道多少有些寡淡。

注意本来的目的！

在焖蒸咖啡时要让咖啡粉被充分的浸透，然后在萃取壶中滤入一两滴咖啡液。这样做虽然听起来很完美，但是对于初学者来说并不容易。初学者通常会出现两种情况：要么是只关注于滤入一两滴咖啡液，要么是只关注咖啡粉有没有被浸透。如果两者择其一的话，推荐将咖啡粉浸透。焖蒸咖啡的目的不是要在萃取壶中滤入一两滴咖啡液，而是要让咖啡粉在水中能均匀地散开。

手工滴漏杯的使用方法 INSTRUCTION

准备工具:

滴漏杯,萃取壶,手冲壶,滤纸,杯子,咖啡粉(滴漏咖啡用,1人约15g),热水200ml(90~92℃)

1.将滤纸折叠。将Kalita或Melitta滤纸下方与侧面的虚线部分分别向前后方向折叠起来,再将有角的部分向上折叠。

2.将折叠好的滤纸放入滴漏杯,用热水浸湿滤纸,给滴漏杯和萃取壶预热的同时也去除了滤纸的纸浆味,让滤纸与滴漏杯充分贴合。将准备好的杯子预热,将萃取壶中的热水倒掉。

3.将咖啡粉倒入滴漏杯。

4.轻轻摇晃滴漏杯,使咖啡粉表面呈水平。Kono滴漏杯此时可以进行水滴滴漏。

5.将热水注入滴漏壶中,一般是从外向内呈螺旋形倒入,将咖啡粉全部浸透,闷蒸30秒。这时流入萃取壶中的咖啡液如果不是一滴滴的而是一股股的就说明水倒多了。

不同品牌推荐的不同的滴漏方法 INSTRUCTION

下面是各个品牌推荐的滴漏方法。并没有唯一的正确方案,但是可以作为参考。比如,用Kalita滴漏杯进行Kono式水滴式滴漏也可以。熟悉不同的滴漏方法,便可以找到最适合自己的方法。

Kono式水滴式滴漏

1.在中央部分将水一滴一滴地滴入,渐渐浸透咖啡粉,随即开始闷蒸。
2.上升的咖啡粉层开始膨胀时,令水流像画一元硬币一样画圆。此时在保持膨起的气泡不会破裂的同时继续萃取咖啡。
3.在预计已萃取了咖啡量的三分之二后用粗水流画大圆,令咖啡迅速萃取出来。
4.得到预计萃取量之后,拿掉滴漏杯,要确保已无膨起的气泡。
5.摇晃萃取壶,使萃取出的咖啡味道更均匀。
6.将杯中预热用水倒掉,倒入咖啡。

Melitta

1.在膨胀起的咖啡粉层开始破裂时,从中间向外呈螺旋状注水,一次注足所需用量。
2.待注完所有的水,拿掉滴漏杯。无论要萃取多少咖啡,总萃取时间不要超过3分钟。
3.摇晃萃取壶,使萃取出的咖啡味道更均匀。
4.将杯中预热用水倒掉,倒入咖啡。

Kalita /Kalita Wave

1.当膨胀起的咖啡粉层开始破裂时,从中间向外注水,划水圈的同时要保持咖啡粉层不破裂,萃取出第一杯咖啡。用Kalita滴漏杯的话,基本上是按照杯底中央呈一直线的孔来倾倒。

2.膨胀起来的咖啡粉层在落入杯底前,用比第一次萃取时更粗的水流划更大的圈,注水2分钟,进行第二次萃取。

3.在膨胀起来的咖啡粉层落到杯底前,使用比二次萃取时更大的水流,用更大的水圈注水1分钟,进行第三次萃取。总的萃取时间不要超过3分钟。如果萃取到第三次还达不到预计萃取量,则将第三次萃取过程反复两次。

4.得到预计的萃取量之后,拿掉滴漏杯,最后带泡沫的剩余咖啡粉就不要再萃取了。

5.摇晃萃取壶,使萃取出的咖啡味道更均匀。

6.将杯中预热的水倒掉,倒入咖啡。

Hario v60

1.在咖啡粉层破裂之前,从中间向两边、从两边向中间,用水流来回反复地呈螺旋式注水,而且一次就要注足萃取量。渐渐增大水流的同时快速螺旋式注水。

2.等到所有的水都注入后拿掉滴漏杯。总的萃取时间不要超过3分钟。

3.摇晃咖啡壶,使萃取出的咖啡味道更均匀。

4.将杯中预热的水倒掉,倒入咖啡。

使用小贴士 TIPS

应急方案

在野外喝咖啡时,带了咖啡粉、滴漏杯和滤纸,但没准备手冲壶和萃取壶的情况时常发生,这时使用纸杯或者保温杯就好啦!将纸杯折出一个尖角或者利用保温杯的瓶口进行滴漏。虽然维持稳定的水流比较困难,但是在野外用来代替滴漏杯还是可以的。

寻找属于自己的手工滴漏方法

最能体现"制作咖啡没有唯一答案"这句话的含义的就是手工滴漏式咖啡了。因为味道不仅取决于粉和水的用量,注水的方式不同,咖啡的味道也会大不相同。只要掌握了注水的几种方法,就能找到属于自己的制作手工滴漏咖啡的方法。

1.水流越粗,水流越快,就会缩短咖啡粉与水的接触时间,咖啡的酸味就越强。
2.水流越小,水流越慢,就会增加咖啡粉与水的接触时间,咖啡的烟熏味(苦涩味)就越强。
3.降低水温时,萃取出的咖啡成分愈少,酸味就越明显。
4.升高水温时,萃取出的咖啡成分愈多,烟熏味就越重。

购买与保养 BUY/MAINTENANCE

1.购买

滴漏杯（1人用）

塑料 Kalita, Melitta, Hario约50~100元左右，Kono约100元左右（只有塑料）

陶瓷 Kalita，Melitta约200元左右，Hario约150元左右，Kalita Wave约180元左右

玻璃 Hario约150元左右，Kalita Wave约180元左右

不锈钢 Hario和Kalita Wave约240元左右

铜 Kalita Hario约500元左右

萃取壶

300ml(1~2人用)约200元左右，500ml~600ml（1~4人用）约300元左右，800ml~1000ml（1~7人用）约400元左右

滤纸

滤纸约50元左右（1~2人用，100张）。

手冲壶

按照品牌和材质不同，价格大约从500元到2000元不等。材质从不锈钢到铜都有，品质越好价格越高。

2.清洗

1.将带有咖啡渣的滤纸丢入垃圾桶。

2.使用清洁球和水清洗滴漏杯和萃取壶。如果使用洗涤剂清洗的话就会留下残留物，在萃取咖啡时会与咖啡粉混合，破坏咖啡的味道，所以只能用清水清洗。

3.将手冲壶中剩余的水倒掉，将清洗后的滴漏杯和萃取壶放在干燥架上晾干。

专业人士评价 STAFF'S EVALUATION

使用手工滴漏式咖啡壶制作咖啡的5位专业人士对此用具进行评价。

使用的便利性
■■■■□ 4.2　如果一开始方法掌握得好的话,今后使用起来就很便利。

清洁管理
■■■■□ 4.0　比刷碗还要轻松。

趣味性
■■■■□ 4.3　只需要一点技巧就能不断尝试新的方法。

经济性
■■■■□ 4.0　最低廉的萃取道具。

设计
■■■■□ 4.1　外观,颜色,大小等拥有多种不同设计风格。

推荐配方 RECOMMEND RECIPE

冰爽的手工滴漏咖啡

将咖啡粉量减少5~8g,将豆子粉碎得更细,在萃取壶中放入冰块,冰爽的手工滴漏咖啡就做好啦!

采访SCAJ认证咖啡师福良淳一 INTERVIEW

Q 请自我介绍一下吧。

A 我是福良淳一。是经JCQA认证的二级讲师,SCAJ认证的咖啡师以及JSC认证的评审师。

Q 滴漏作为一种冲泡咖啡的方法,它的特征是什么?

A 在滴漏的同时不断察看咖啡的状态,就能制作出最完美的咖啡。

Q 做为滴漏式咖啡的专家,滴漏式咖啡的优点是什么?

A 它的优点是在家庭中也能萃取优质咖啡。只要时间,水量,水温等适合且准确,就能够总结出十分多样的萃取方法。缺点就是需要多加练习。

Q 您个人最喜欢的滴漏杯是哪一种,能告诉我们理由吗?

A Hario V60。这是世界上最能让你自由自在地萃取咖啡的滴漏杯。

Q 制作出好喝的咖啡最重要的因素是什么?

A 把握好咖啡豆烘焙的强度,烘焙的时间,滤纸,水温等,并将其调试成一种合适的滴漏方法。

Q 您一般多久喝一次手工滴漏咖啡?

A 基本上每天都喝。

Q 如果有推荐配方的话介绍给大家吧。

A 想告诉大家的是,咖啡粉末的比例是1的话,焖蒸咖啡时使用的水量比例是1.5,总水量为11.5,最终萃取咖啡量是10。

Q 适合与手工滴漏咖啡搭配的甜点是什么?

A 与巧克力蛋糕搭配挺不错。

Q 请用一句话定义手工滴漏式咖啡壶。

A 任何人都可以享受手工滴漏式咖啡壶。繁多的滴漏方法令人愈学愈觉得内容深厚。

Q 咖啡对您来说具有什么意义呢?

A 对我来说虽然是职业但是仍然觉得很有意思。

Q 最后请对手工滴漏式咖啡壶的使用者说些什么吧。

A 希望不仅对热衷于滴漏咖啡的人,只要是享受咖啡的人们都能幸福。

咖啡实验室4

纸vs纤维（布）vs固体（铁等）

一杯咖啡通常含有咖啡粉、咖啡液和决定咖啡油分的植物油成分。萃取咖啡时使用的滤纸不同，过滤出的成分也不同。因此，使用不同的滤纸，咖啡的味道也会不同。

基本上来说，滤纸能过滤出更多的咖啡粉和咖啡油分，所以能萃取出味道纯粹的咖啡。而纤维滤布一般是在滤纸之前使用的，用来过滤咖啡粉，滤出咖啡油脂，从而萃取出丝滑的咖啡。因此，许多咖啡爱好者说使用滤布能够萃取出世界上最好的咖啡。但是滤布需要洗涤和晾干，这一过程比较麻烦，因此一般不推荐使用滤布。铁制的固体过滤器能将咖啡粉和咖啡油脂全部萃取出（但并不是直接将咖啡粉倒出），因此更能体验咖啡本来的味道。而且清洗起来很轻松，能够永久使用。

虽然大部分的咖啡器具都配有专用滤纸，但是使用手工滴漏式咖啡壶，爱乐压，冰滴咖啡壶的人都能选择自己喜欢的滤纸。简单来说，想要得到干净的咖啡味道就使用滤纸，想得到口感顺滑的咖啡就使用滤布，想品尝咖啡原本的味道就使用铁制过滤器。当然，还是咖啡的味道最重要。

CHEMEX手冲咖啡壶

"这里也卖花瓶吗?"

看到展示台上的chemex手冲咖啡壶,一位顾客问了我这样一个有意思的问题。

难道是其极具艺术设计感的外观,令它看上去像装饰品或花瓶吗?当这位顾客得知它是咖啡用具时非常惊讶,马上就订购了chemex手冲咖啡壶。而且试喝了用chemex手冲咖啡壶萃取出的咖啡,并称赞说味道很纯净很好喝。让我们来了解一下这款外形和萃取出的咖啡味道都很棒的咖啡器具吧!

品名 chemex手冲咖啡壶

材质 玻璃，木头，皮革

大小(长×宽×高)
76×210mm / 473ml (3cup)
130×216mm / 850ml (6cup)
127×232mm / 1000ml (8cup)
130×235mm / 1500ml (10cup)
146×232mm / 1840ml (13cup)

部件 萃取壶（玻璃容器），木质手柄／真皮

chemex手冲咖啡壶的构成 COMPONENTS

1. **排气通道** | 位于瓶口部分,起到类似滴漏杯中肋骨的作用。

在chemex壶中放入滤纸,倒入水,滤纸就会贴在玻璃壁上,这样滤纸与玻璃壁密切贴合之后,空气能够进入chemex壶的通道就只剩壶嘴的排气通道了。在此状态下萃取咖啡,chemex壶中的空气会通过排气通道被挤出来而将咖啡香气留在瓶中。在发挥类似于滴漏杯肋骨作用的同时还能将咖啡的香气留住,所以被称为排气通道。

2. **肚脐** | 壶中部的圆形按钮,察看萃取到哪个位置就基本能推测出萃取量,一半的位置意味着最大萃取量的一半。

3杯: 350ml╱6杯: 450ml╱8杯: 500ml╱10杯: 700ml╱13杯: 1000ml(下方按钮),1500 ml(上方按钮)

3. **木质手柄** | 位于chemex壶的腰部,使发烫的咖啡壶可以握住。与肚脐位置相同,可以估算出输出量,但是一般指最大输出量。

6杯: 850ml╱8杯: 1100ml╱10杯: 1350ml╱13杯: 2000ml(下方按钮)

chemex 手冲咖啡壶的历史 HISTORY

chemex 手冲咖啡壶是1941年由德国化学家兼发明家Peter J Schlumbohm博士发明的。Pefer博士毕业于德国包豪斯设计学院，在19世纪初作为功能主义设计者受到包豪斯运动的影响，发明出chemex 手冲咖啡壶。他平时很喜欢喝咖啡，便设想可以利用科学原理和实验室用具来制作家用咖啡壶。在实验室中最常见的三角烧瓶成为了他最初的设计缪斯并大获成功。1935年他移居美国，1939年在纽约成立了chemex Corporation，1941年在获得专利后，利用"用化学家的方法制作咖啡"这句广告语开始了其市场推广。之后以二战为起点进入大生产时期，chemex 手冲咖啡壶的帅气外形与纯粹的咖啡味道，瞬间就抓住了美国人的心。

© photo by Ty Nigh

chemex手冲咖啡壶的故事 TOOL STORY

滤纸——无名的英雄

chemex壶的专用滤纸比其他滤纸价格都高,因此许多人说滤纸太贵是chemex的短处。其实,chemex壶的专用滤纸自有其贵的道理。chemex壶专用滤纸混合了谷物成分,因此比一般滤纸厚百分之二十。用厚滤纸萃取咖啡更容易过滤掉咖啡中的杂味。因此用chemex手冲咖啡壶萃取的咖啡以比用其他器具萃取的咖啡味道更加均衡和干净而出名。又因为锥形模样的滤纸无论注水量如何,相同时间内总是能萃取出相同量的咖啡,因此并不需要高超的技艺。所以chemex壶专用滤纸的特点既是它的优点,又是它的缺点。

《老友记》中的老朋友

经典美剧《老友记》中也常常能看到chemex的身影。在第一季第一集中,瑞秋说"这是用我的手第一次做的咖啡",她用早餐咖啡招待乔伊和钱德。通常无论是谁都能用chemex萃取出好味道的咖啡,但瑞秋似乎仍然不能熟练操作。乔伊和钱德在喝了一口咖啡之后,就趁瑞秋不注意一起吐到桌上的花盆里了。之后直到第三季还能在莫妮卡的厨房里看到chemex壶,但是之后就被咖啡机代替了。

发明大王！

发明chemex 手冲咖啡壶的Peter J Schlumbohm博士实际上是不亚于爱迪生的发明大王。一直到他1962年去世时，在他所拥有的300多项发明和专利中成功被商业化的就只有chemex 手冲咖啡壶。但就是这样一个咖啡器具，被全世界咖啡爱好者所热爱。作为这款咖啡器具的发明者，这是不是促使他不断进行发明的动力呢？

"帝国"的逆袭

在咖啡行业中，来自中国的名为"Diguo"的公司制造出了与chemex类似的一体式咖啡壶，此商标的中文意思为"帝国"。此种壶在原本的chemex手冲咖啡壶的壶身上加入了刻度，价格只有chemex的二分之一，连chemex的专用滤纸也能替换成铁制锥形滤器，十分方便，因此广受好评。

广受好评的设计

看到chemex手冲咖啡壶的曲线美，很容易就令人联想到可口可乐瓶。实际上也有好多人说当时购买chemex手冲咖啡壶不仅是因为它能萃取出味道均衡的咖啡，还因为它的设计好看才购买了它。chemex手冲咖啡壶的美好设计已经是全世界公认的了。它在纽约现代美术馆，史密森尼国家自然历史博物馆，费城博物馆等进行永久展示，还被伊利诺伊大学评选为"现代100大设计"之一。

使用须知 NOTICES

折叠滤纸

没折叠的半圆形滤纸

1.将半圆形滤纸对折。

2.将突出的小扇形部分折向大扇形部分。

3.将滤纸再次对折。

4.将三层滤纸竖向插入排气通道。

没折叠的圆形滤纸

1.将圆形滤纸对折。

2.将对折一半的圆形滤纸再次对折。

3.将三层滤纸竖向插入排气通道。

折叠好的圆形／四角形滤纸

将三层滤纸竖向插入排气通道。

看起来相同但实际不同的两种样式

chemex手冲咖啡壶主要分为CLASSIC，CLASS HANDLE，HANDBROWN三种型号。

CLASS HANDLE没有木柄，但是有一个突出的手柄，这是其外形最大的特征。虽然与CLASSIC在外形上差异不大，但HANDBROWN的价格是CLASSIC的三倍，此价格差异取决于它是手工制作还是机器制作。HANDBROWN是玻璃匠人们人工吹制的高级型手工款，而CLASSIC是由机器大批量生产的。

[CLASSIC]
machine-made

区分CLASSIC和HANDBROWN的方式有以下几种：

第一，最大特点就是玻璃的颜色。如果玻璃色泽微泛绿光，那就是HANDBROWN；如果颜色是透明的乳状，那就是CLASSIC。

[GLASS HANDLE]

第二，玻璃的厚度。HANDBROWN比CLASSIC的玻璃更厚更沉。

第三，排气通道与瓶底相连接的部分。排气通道末端呈圆形，瓶底较宽的就是HANDBROWN。排气通道末端有角，瓶底相对较小，呈圆形模样且较突出的是CLASSIC。

[HANDBROWN]
hand-made

除此之外，因为HANDBROWN是手工制作，所以即使是相同容量也会有一些外形上的差异，表面可能会凹凸不平。CLASSIC型号因为是机器制作的，所以相同型号容量一样，瓶身表面光滑，能用肉眼看到壶身中间部分的连接线。

chemex手冲咖啡壶的使用方法 INSTRUCTION

准备用具：

chemex手冲咖啡壶，chemex专用滤纸，咖啡粉（比滴漏壶用粉粗一些／1人饮约15g），热水（约93℃），手冲壶，杯子

1. 将chemex专用滤纸折叠后，将三层部分竖向插入排气通道。

2. 注入热水，清洗滤纸后预热chemex壶和杯子。

3. 不取出滤纸，将预热的水通过排气通道倒出。

4. 将咖啡粉放入滤纸。

5. 将咖啡粉充分浸透后继续注入热水，等待30秒。

6. 待咖啡粉层开始浸透时，由内而外、由外而内不断反复画螺旋形，将想要萃取的咖啡量一次性萃取出来。这时加大水流的同时快速画螺旋形。

7. 以肚脐和手柄为基准，察看是否得到了预期的咖啡量。在萃取完成之后，去掉滤纸。

8. 摇晃chemex壶，使咖啡的浓度更均匀。将杯中的预热用水倒掉，倒入咖啡。

使用小贴士 TIPS

铁制锥形滤器

使用chemex壶专用滤纸能喝到更加干净的咖啡,但是如果你喜欢浓厚的咖啡香气和体感强的咖啡的话可能觉得这样干净的味道不够完美。考虑到这些用户的特点,一些品牌研发制造出了chemex壶专用铁制锥形滤器。使用铁制锥形滤器能萃取出更加丝滑和浓香的咖啡。

铁制锥形滤器也能与Hario与Kono滴漏杯互换。因为它是半永久的,所以比较经济实惠,而且比滤纸更加绿色环保。但因为会留有细粉,因此按照个人喜好不同,最后的口感可能会有些发涩。

醒酒器的构造

chemex手冲咖啡壶的构造如同红酒醒酒器一样,瓶底很宽,能够增加与空气的接触面积,且瓶口很窄,咖啡的香气不容易飘散出去。这样的构造即使是用chemex壶加热冰咖啡的话,仍比其他咖啡器具更能保持咖啡的味道和香气。chemex手冲咖啡壶虽然能二次加热,但毕竟是玻璃用具,加热时会有危险,所以二次加热时请尽量使用小火。

只做你想喝的味道吧!

chemex手冲咖啡壶是采用倾倒的方式萃取的,并且由于其专用滤纸的作用,能在某种程度上保证制作出的咖啡味道均衡,不会制作出不好喝的咖啡,并且反而使得使用chemex壶的人发明出多样的萃取方法。网络上就有许多不同的萃取方法，比如，不焖蒸咖啡，只是倒水，然后利用木质搅拌棒将咖啡粉与水搅拌后萃取的方法；有注入一定量的水后静候片刻，再注入剩下的水的方法；有在咖啡粉中间挖洞再注水的方法；有在闷蒸咖啡粉之后再注水的方法。如果你担心制作出的咖啡味道不好，没能找到属于自己的方法，那就使用chemex咖啡壶吧，大胆尝试只属于你自己的方法吧。

ⓒ photo by Yara Tucek

购买和保养 BUY/MAINTENANCE

1.购买

chemex手冲咖啡壶

CLASSIC，CLASS HANDLE型号

473ml 约500元／850ml 约800元／1000 ml 约1000元／1500 ml1800元

HANDBROWN型号

473ml 约1500元／850ml 约2000元／1000 ml 约2000元／1500 ml约2500元

消耗品

chemex专用滤纸 100张约100元

专用玻璃盖 约80元

木质手柄与皮绳 约200元

金属榄（wire grid） 使用电磁炉时保护玻璃用，约100元

专用清洁刷 约180～300元

2.清洗

1.将chemex壶中带着咖啡渣的滤纸丢掉。

2 用水和清洁球（或chemex专用清洁刷）清洗。使用洗涤剂清洗的话，会有洗涤剂残余，会和咖啡的味道混合在一起。

3.将手冲壶中剩余的水倒掉，将chemex壶放在干燥架上晾干。

专业人士评价 STAFF'S EVALUATION

使用chemex手冲咖啡壶制作咖啡的5位专业人士对此器具进行评价。

使用的便利性
■■■■□ 4.2　使用滤纸能掩盖其技术缺陷,基本上不需要特别的技术。

清洗
■■■■□ 4.0　防止打碎,清洗和保养都很方便。

趣味性
■■■■□ 4.3　突显使用者的品位。

经济性
■■■■□ 4.0　作为一个玻璃瓶来看有点贵,但是值得购买。

设计
■■■■□ 4.1　无论放在哪里都是很好的装饰品。

推荐配方 RECOMMEND RECIPE

使用铁制锥形滤器制作的单品咖啡

尝试用铁制锥形滤器代替滤纸吧。萃取的方法与用滤纸萃取的方法一样。不仅能够品尝到顺滑的咖啡油脂,还能体会到厚重的咖啡体感,但是会混杂一点咖啡粉。大约为浓缩咖啡所使用的咖啡粉的用量。

咖啡实验室5

咖啡豆的保存

购买和储存咖啡豆,其实与储存食材差不多,购买和储存方式能够决定咖啡的味道是否好喝及新鲜。咖啡豆在烘焙之后新鲜度就会下降,并且开始变质。研磨后的咖啡粉在两三天之后香气就会变弱,味道也会发生变化。当然这并不是变质,因为咖啡豆保质期是一年。但是比一年的保质期更重要的是品尝时间(品尝咖啡味道最好的时间),品尝时间是在豆子研磨后的两天内。

咖啡豆在烘焙之后就开始腐酸。腐酸是指一部分成分蒸发,一部分成分变质,或者与氧气产生酸化反应之后造成的酸化。这其中最大的问题就是酸化,为了防止酸化,开发商开发出很多种包装方式。防止酸化的包装方式主要有两种:一种是将容器中的氧气抽出,填入氮气,另外一种是真空包装。但是无论哪种包装方式,一旦开封就无法防止酸化。虽然你可能觉得装入咖啡豆袋中的氧气不会有多少,实际上在装满豆子的袋子中装入的氧气量可能会是豆子的十倍。咖啡粉的酸化程度会比不粉碎时快很多倍。

咖啡豆与阳光发生化学反应,成分发生变化而变质。温度越高变质速度越快,因此才推荐冷藏与冷冻保管,咖啡豆会吸收周围的气味和湿气,性质会发生变化,如果不使用能与空气隔绝的容器的话,就会释放出豆子的味道。将豆子从冰箱拿出的瞬间,因为与周围空气有温差所以会在周围形成湿气,豆子会吸收湿气，随即就会变湿，从而失去味道。因此可能的话要避免冷藏或者冷冻保存。保存咖啡豆最好的方法是购买烘焙两周以内的豆子，购买1~2周的用量，并使用安装aroma阀（不会使内部空气流失也不会使外部空气流入阀门）的包装材料，保存在阴凉的地方，在品尝之前再研磨。

法兰绒滴漏咖啡壶 FLANNEL DRIP

"这个没有卫生问题吗?"

拿出放在冰箱中用纯净水浸泡的绒制滤布时,朋友询问道。与滤纸相比,绒制滤布看起来不太可信。但如果保养得好的话还是很令人放心的。你知道吗,为了喝到有咖啡体的咖啡,需要多么勤于清洗和保养绒制滤布啊!

品名 Hario 法兰绒滴漏咖啡壶

大小(直径×深度×高度)
1~2人用 / 95×93×168mm
1~4人用 / 110×101×195mm

材质
滴漏杯架／不锈钢
绒制滤布／棉（法兰绒）

法兰绒滴漏咖啡壶的构成 COMPONENTS

1. **滴漏杯架** | 将绒制滤布挂在手柄上的一种滴漏架。
2. **绒制滤布** | 同时起到滴漏杯与滤纸的作用。

法兰绒滴漏咖啡壶的历史 HISTORY

17~18世纪时的主流咖啡是将咖啡粉和糖等一起煮来喝的土耳其式咖啡Turkish coffee。但因为有咖啡粉的残留,所以口中会有些发涩。为了去除这种发涩的口感,当时就有人在煮咖啡后用布过滤再享用,再之后就有放入滤纸注入热水而萃取的滴漏咖啡出现。在滴漏咖啡出现时还没有滤纸,因此当时的人们所使用的是一种叫作"法兰绒"的布,这种萃取方法可以说是绒制滤布萃取方法的源头。此种方法在18世纪以后便在欧洲盛行起来,因此直接采用了当时在欧洲使用的名为"法兰绒"的布来命名,并将绒制滴漏咖啡称为"法兰绒滴漏咖啡"。在日本,人们直接取其音节称它为"nel drip"。

法兰绒滴漏咖啡的故事 TOOL STORY

咖啡体感之王

法兰绒滴漏咖啡被评价为滴漏咖啡中味道最纯正的。主要构成咖啡体感的是咖啡油脂,一般情况下这些咖啡成分(不溶的固体成分)都会被滤纸过滤掉,但是绒布特有的组织结构能够保留咖啡油脂。使用滤纸能喝到干净尖利的咖啡,使用绒制滤布可以喝到厚重顺滑的咖啡。因此法兰绒滴漏咖啡被贴上了"咖啡体感之王""滴漏之王"等华丽的修饰词。

个性满分

绒制滤布具有伸缩性,因此咖啡粉可以自由膨胀。在初期焖蒸咖啡时,滴漏方法不同,萃取出的咖啡味道也不同。比如说,在焖蒸咖啡时划圈式注水,水与咖啡粉能够平均地扩散开,之后在滴漏时可以用逐滴滴漏的方式,也可以用滴漏架代替滴漏壶(旋转滴漏壶),这种滴漏方法多样而且个性满分的绒制滴漏壶在日本被广泛使用。

要卫生还是要味道,这才是问题!

将绒布浸泡在纯净水中放在冰箱中存放,绝对不能让绒布变干。在Hario法兰绒滴漏咖啡壶的配方上便写着"Do not allow the filer to dry"。因为如果晾干绒布的话,其特有的组织就会被破坏,从而破坏咖啡的味道。但是如果将绒布放在水里浸泡存放的话,就会存在卫生问题。我们经常会将制作食物时使用的布清洗后放在阳光下晾晒。一个朋友甚至对比过在阳光下晾晒的绒布和放在自来水中储存的绒布的卫生状况,放在太阳下暴晒的绒布只检测出微量的细菌,但是在水中储存绒布的真菌数量超过了饮用水(100cfu/毫升)中的真菌数量,达到了170cfu/毫升。那么使用浸泡在水中的法兰绒布

萃取咖啡就一定不卫生吗？其实是不一定的。首先这项实验是用自来水代替纯净水，所以结果是不可信的。而且在使用之前用热水清洗绒布是必要的步骤，在某种程度上也可以起到杀菌的作用。将法兰绒布浸泡在纯净水中放入冰箱保存是有卫生保证的。

使用须知 NOTICES

滤布内外的差异

使用滤布时,一面是拉绒一面是棉,用手摸一下就能感觉出两面的差异:拉绒比棉更加柔软。将拉绒面朝内会延长萃取时间,也就能品尝到法兰绒滴漏咖啡特有的浓厚和丝滑的味道。但是如果拉绒面向外的话也并不是错的。用两面都萃取一下试试,选择自己喜好的一面进行萃取即可。不过,若将拉绒面向外就能看到缝合线,因此总有一种滤布放反了的感觉,但是使用时并不构成问题。

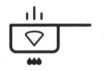

初次使用

最开始使用绒布时,要将其放在锅中用纯净水煮3分钟。如果不煮直接使用的话,不仅会带有绒布的味道,还会因为布的组织细密而无法进行萃取。煮绒布时放入少量咖啡粉的话会更容易去除布的味道。将煮好的绒布用流动的水清洗,拧干。如果太用力拧干的话就会破坏布的组织(不要像拧抹布一样),之后用干毛巾轻轻按压,吸收掉一部分水分之后安装在滴漏杆上就能使用啦!

法兰绒滴漏咖啡壶的使用方法 INSTRUCTION

准备用具：

手冲壶，滴漏壶，法兰绒滤布，滴漏架，杯子，咖啡粉（比手冲滴漏咖啡用粉粗一些，约17g)，热水（1人份200ml，约93~95℃）

1. 将浸泡在纯净水中的法兰绒滤布拿出，轻轻挤出水分。

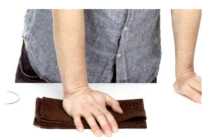

2. 将水挤出后，用干毛巾盖在滤布上挤压，尽量将水分吸出。

3. 将滤布挂在滴漏架上。

4. 将滤布、滴漏壶、杯子预热。

5. 倒掉滴漏壶中的预热用水,将咖啡粉倒入滤布上,摇晃咖啡粉使其表面呈水平状。

6. 使用比制作手工滴漏咖啡时更细的水流将咖啡粉完全浸透,随后焖蒸。

7. 过滤三次后,从中央慢慢向外用细水流画螺旋形。

8. 在咖啡萃取结束时,摇晃滴漏壶,以平衡咖啡的浓度。将杯中预热用水倒掉,倒入咖啡。

使用小贴士 TIPS

绒布的特点
用一般的萃取方法来萃取也没有问题。但因为是绒制的,所以考虑布料材质的特点就会有一些使用技巧。因材质原因,当放入咖啡粉时,滤布的长度就会增加,水流通过咖啡粉的距离也会增加。因此在研磨咖啡豆时要尽量比一般手工滴漏咖啡用粉粗一些,以防止过度萃取。

水流更热更细
萃取时水流速度和变凉速度很快,因此萃取时要比一般手工滴漏咖啡使用的水温更高,水流更细,而且倾倒时要更小心。

咖啡粉量=充分的压力
冲泡咖啡时,使用绒制滤布不如使用固体滴漏杯所产生的压力充足。因此放入咖啡粉时,要放入比使用手工滴漏咖啡更多的咖啡粉,以制造充足的压力。

购买与保养 BUY/MAINTENANCE

1.购买

法兰绒滤布+滴漏架+专用滴漏壶 质量、品牌、产地不同,价格也不同。一般在300~500元左右

法兰绒滤布+滴漏架 约200元

法兰绒滤布 约100元(3张)

2.保养

1. 密闭容器中的水每1~2天更换一次。

2. 绒布上会堆积咖啡脂肪,绒布的拉绒棉使用次数越多越容易磨损。因此在使用80~100次之后就要更换。

3.清洗

1.将绒制滤布中的咖啡渣清理掉。

2.用流动水(最好是纯净水)清洗滤布中残留的咖啡渣。绝对不能使用洗涤剂或者肥皂。

3.在锅等可以加热的容器中倒入纯净水煮滤布。

4.煮10分钟,待水变凉后再用流动水清洗。

5.将滤布放在密闭的容器中,放入冰箱冷藏。

6.再次使用时先轻轻拧出水,再放入水中煮,之后用干毛巾将水分吸出。

专业人士评价 STAFF'S EVALUATION

使用法兰绒滴漏咖啡壶制作咖啡的5位专业人士对此器具进行评价。

使用的便利性

■■□□□ 2.0 只要时间充分并且愿意花心思,那就一定要选择法兰绒滴漏咖啡壶。

清洗管理

■□□□□ 1.2 虽然能萃取出好味道的咖啡,但是绒制滤布的保养真的不是一件容易的事情。

趣味性

■■◧□□ 3.3 与手工滴漏咖啡壶相比,能萃取出味道更加多样的咖啡,因此很有意思。

经济性

■■■◧□ 3.5 需要经常更换滤布。

设计

■■■◧□ 3.7 法兰绒滤布的神奇只有在萃取咖啡时才能体现。不使用它时,不过就是一块布而已。

推荐配方 RECOMMEND RECIPE

法兰绒滴漏咖啡比手工滴漏咖啡味道更加浓厚。如果增加粉量,在萃取出味道更加浓厚的咖啡之后,调以顺滑的牛奶和奶泡,就会喝到与用浓缩咖啡制作的卡布奇诺完全不同的好味道。

采访SCAJ认证师冈安一樹 INTERVIEW

Q 请做一下自我介绍吧。

A 我是Hario公司的冈安一樹。目前负责亚太市场,在取得咖啡师认证后开始从事咖啡事业。

Q 请介绍一下法兰绒滴漏咖啡壶。

A 法兰绒滴漏咖啡壶最令人瞩目的就是它是世界上第三波咖啡浪潮最具代表性的萃取方法——滤纸滴漏的雏型。一般来说,法兰绒滴漏咖啡壶始于19世纪20年代的英国,后来人们将其简化为滤纸滴漏了。在用法兰绒滴漏的过程中,咖啡粉可以自由充分地膨胀,也能充分焖蒸咖啡,所以咖啡的味道很柔滑。现在一些古早风格咖啡馆中还有许多使用法兰绒滴漏咖啡壶的。

Q 请介绍一下第一次接触法兰绒滴漏咖啡壶的情形。

A 之前我一直使用滤纸滴漏,后来听说法兰绒滴漏咖啡是浸透式萃取方法的源头,因此特别想体验一下。

Q 法兰绒滴漏咖啡壶的优劣势是什么?

A 优势就是焖蒸咖啡期间咖啡粉可以自由地膨胀。劣势就是绒制滤布清洗起来十分不便。

Q 有人说绒制滤布的保存方法不是很卫生，您怎么看？

A 虽然绒制滤布清洗和存放不是很便捷。但就卫生状况来说，因为会定期更换保存容器中的水，我觉得是没有问题的。而且在使用绒制滤布之前都会用热水清洗，会起到杀菌的作用，所以我觉得卫生方面无需担心。

Q 有一些使用者因为长时间不使用绒制滤布，因此会冷冻保存绒制滤布。您觉得可以吗？

A 虽然也有一些人说冷冻保存可以阻止细菌增加，但是我觉得还是在每次使用前用热水清洗一下最好。

Q 您一般多久使用一次法兰绒滴漏咖啡壶呢？

A 忙碌时使用滤纸滴漏咖啡壶，比较清闲的周末会使用法兰绒滴漏咖啡壶。

Q 用法兰绒滴漏咖啡壶可以制作的花式咖啡和经典咖啡是哪些呢？

A 使用深度烘焙的咖啡豆，拌入蜂蜜，最后撒入肉桂粉，就能享用一杯很好喝的咖啡了。

Q 用一句话来定义法兰绒滴漏咖啡壶。

A 滴漏咖啡壶的始祖。

Q 除了法兰绒滴漏咖啡壶以外，您还使用什么咖啡用具？

A 使用滤纸滴漏咖啡壶，因为能做出与法兰绒滴漏咖啡接近的味道。

Q 咖啡对你意味着什么？

A 繁忙时候的提神剂！

Q 最后对法兰绒滴漏咖啡壶使用者说点什么吧。

A 让法兰绒滴漏咖啡壶再次流行起来吧！

咖啡实验室6

咖啡的百分之八十都是水！那么使用什么样的水呢？

去美国或者欧洲旅行时，把觉得特别好喝的咖啡豆买回了家。萃取咖啡时也一直在旁边观看并记录下咖啡的粉碎度，水温，萃取时间以及水量等。回来之后基本按照一模一样的配方来制作却仍然做不出当时的味道，不知道是不是因为当时是在旅行，心情不一样的缘故。有时在家中制作的好喝的咖啡在野炊时即使用泉水煮也煮不出家中的味道，明明是从家中带来的用具，明明使用了相同的配方，但味道就是不一样。此时要考虑的因素就是萃取咖啡时所用的水了。

咖啡的百分之八十都是水。水不同，咖啡的味道也不同。泉水，矿泉水，自来水，纯净水，若直接喝的话味道都有些不同。更重要的是水的成分不同，其能溶解咖啡成分的程度也就不同。富含矿物质的水溶解的咖啡成分有限，酸度高的水会有酸味。那么应该用什么样的水来萃取咖啡呢？美国SCAA（美国精品咖啡协会）就此制订了萃取咖啡用水的标准水质，要无味，透明，无氯，水中细微固体在150mg/L，酸度在7.0左右。含氯的水会有消毒水的味道，会对咖啡味道产生不好的影响。

越南滴漏咖啡壶 VIETNAM CAFE PHIN

"喝酒之后总会想起它"

在喝酒之后的第二天喝到了越南咖啡的朋友说道。看来他是陷入越南咖啡甜中带苦的魅力中了。他说在其他地方喝到的炼乳咖啡并不是这个味道,于是请求我告诉他配方。我不过是使用了越南罗布斯塔咖啡豆,再使用越南滴漏咖啡壶萃取罢了。

品名 越南滴漏咖啡壶

材质 不锈钢

大小(长×宽×高)
90×90×68mm

越南滴漏咖啡壶的结构 COMPONENTS

1. **上壶** | 放入咖啡粉,注水的部分,起到滴漏杯的作用。有的款式在下端可添加铁质滤器。

2. **盖子** | 起到盖子的作用。拿掉上壶时,将盖子翻转过来能作为上壶壶垫使用。

3. **下壶** | 起到测量咖啡粉水平线的作用,调节水量,使其慢慢滑过咖啡粉。分为螺旋型与没有固定装置的一般型。

越南滴漏咖啡壶的历史 HISTORY

咖啡在越南被广泛传播开来始于法国殖民时期的1875年,当时法国传教士开始在越南种植咖啡树。19世纪90年代,越南与当时的法国殖民地老挝、柬埔寨逐渐开始了咖啡种植。与老挝、柬埔寨相比,越南虽然咖啡栽培的晚,但是由于其优越的地理条件,一跃成为世界第二大咖啡生产国。据推断,越南滴漏壶发明于咖啡树开始栽培的19世纪,但是也有一种说法此款咖啡壶实际发明于柬埔寨。虽然并不知道确切的年份与发明者,但是越南滴漏咖啡壶确实是在19世纪法属印度支那地区出现的。

越南滴漏咖啡壶的故事 TOOL STORY

越南的星巴克——"越南中原"

1996年6月16日,25岁的大学生Dang le nguyen vu 从医科大学退学,决定与3个朋友共同经营一家小型的咖啡烘焙店。如今,这家烘焙店已成为连锁店,并且被称为"越南的星巴克",它就是越南中原(TRUNG NGUYEN Coffee)。越南中原的店面按照越南的气候设计成露天咖啡馆,服务员都身穿越南传统服饰奥黛。菜单中有基础的浓缩咖啡等饮品,还有各种无咖啡因的饮品,其中最具代表性的就是使用越南滴漏咖啡壶萃取的越南咖啡。有意思的是,他们自己还开发了六种咖啡豆,从CREATIVE1~5中择其一,并根据不同品种的咖啡豆添加炼乳。

CREATIVE 1 | 罗布斯塔皮伯利咖啡豆 Peaberry Coffee。
CREATIVE 2 | 阿拉比卡和罗布斯塔拼配blending。
CREATIVE 3 | 越南产阿拉比卡咖啡豆。
CREATIVE 4 | 阿拉比卡,罗布斯塔,卡帝姆,埃克赛尔沙等混合咖啡豆。
CREATIVE 5 | 阿拉比卡皮伯利咖啡豆。
LEGENDEE | 再现猫屎咖啡的味道与香气的咖啡豆。

"G7"咖啡!

去越南旅行时,人们一定会买回家的礼物就是"G7"咖啡,它是2003年"越南中原"开发的速溶咖啡。G7是美国,法国,英国,德国,日本,意大利,加拿大西方七国首脑会议的简称。但越南中原取其名,意为要攻占这七个国家的咖啡市场。通过名字足以看出其野心。

作为越南最早获得欧洲优秀农产品管理制度EUREP GAP认证书的"越南中

原"，只使用拥有危害要素重点管理基准HACCP证书的农场出产的咖啡，足以见得它们多么在乎咖啡豆的品质。在烘焙阶段，"越南中原"配合使用自己研发的技术，将白茅根，八角茴香，防风，银杏，灵芝等中药材添加到咖啡豆中，并且以使顾客不会觉察出其特有的香气而闻名。2006年，"越南中原"成为亚欧会议（ASEM）与亚太经济会议合作组织（APEC）官方使用咖啡，受到国际社会的高度认可。现在，"越南中原"已成为被47个国家的人们所喜爱的速溶咖啡。

越南的牛奶咖啡——Ca Phe Sua Da（冰奶咖啡）

在越南广为人知的咖啡就是Ca Phe Sua Da（冰奶咖啡），"Ca Phe"的意思是咖啡，"Sua"的意思是炼乳，"Da"的意思是冰，这就是在热浪中生活的越南人都爱喝的咖啡。正如韩国的"灵魂饮品"烧酒一般，在越南的路边小摊随处能喝到高级咖啡。曾经，衷爱咖啡牛奶的法国人即使在殖民地也无法放弃他们的爱好，但是在当时的越南，连生产牛奶的基本设施都没有，再加上高温天气，根本不具备贮存牛奶的条件。法国人想尝试从法国运输牛奶到越南，但是从法国到越南的航行时间实在太长，牛奶不可能不腐坏。于是当时为了保证牛奶的保存，便开发出用炼乳来代替牛奶。放入炼乳的咖啡将深度烘焙的罗布斯塔咖啡豆苦涩而又强烈的味道与炼乳的甜味很好地融合在一起。这不仅仅抓住了法国人的胃，也抓住了越南人的胃。从冰块开始流行之后，人们开始向炼乳咖啡中放入冰块，所以时至今日炼乳咖啡仍然很有人气。

傲慢与偏见

越南咖啡一般使用越南罗布斯塔咖啡豆。有的人会因为罗布斯塔豆主要用于制作速溶咖啡而对此种咖啡豆的质量产生怀疑。但是罗布斯塔豆并不都是品质不好的，这种看法是一种偏见。实际上，品质高的罗布斯塔咖啡豆比品质差的阿拉比卡咖啡豆的味道更好价格也更高。罗布斯塔咖啡豆的价值在豆子与糖浆混合时就会显露出来。浓缩咖啡中混合了高级的罗布斯塔咖啡豆的话就能得到丰富的咖啡油脂和咖啡体。在浓缩咖啡的故乡意大利，人们经常饮用的浓缩咖啡中普遍混合了1%的罗布斯塔豆。罗布斯塔豆强烈的味道与牛奶碰撞时比用阿拉比卡豆制作出的拿铁更好喝。像这种牛奶与糖浆混合的饮品，没有比罗布斯塔豆更加够格的了。如果用烹饪来形容的话，那么阿拉比卡咖啡豆比较像主要食材，而罗布斯塔咖啡豆则更像是调味料。因此罗布斯塔咖啡豆并不比阿拉比卡咖啡豆品质低，而是各自的特点不同，作用也就不同。

使用须知 NOTICES

可能会倾倒!

越南滴漏咖啡壶分为一般型与螺旋型两种。螺旋型因为其上下壶是固定的,所以在萃取过程中不会倾倒。但是螺旋型在萃取过程中气体排出时可能会歪倒,因此使用一般型滤器过滤时常用勺子或者筷子作为支撑杆,然后再注水。

要等很久!

使用越南滴漏咖啡壶萃取咖啡用时较长,平均需4~5分钟,需要比用其他器具萃取更有耐心。

越南滴漏咖啡壶的使用方法 INSTRUCTION

准备用具:

越南滴漏咖啡壶,杯子,咖啡粉(手工滴漏用,约10~15g),热水(90~92℃,约100ml),炼乳(15~20g),冰块,手冲壶,咖啡匙

1.向杯中挤入15~20g炼乳,将越南滴漏咖啡壶放在杯子上。

2.将壶盖打开,拿出过滤器,放入咖啡粉。慢慢摇晃使粉表面呈水平状,将过滤器放在粉层上。

3.从中央向两边画螺旋形注水,焖蒸咖啡。

4.需闷蒸30秒。

5. 从中央向两边画螺旋形,注意过滤器的把手不能浸在水中。向过滤器注水后,盖上盖子。

6.萃取结束后拿掉滴漏壶,用咖啡匙将咖啡与炼乳搅匀。

使用小贴士 TIPS

ⓒ photo by Andrea Schaffer

当地的味道

即使是完全按照配方来制作好像仍旧无法喝到越南当地的味道。这是因为我们所使用的豆子与炼乳和当地的不一样。如果想喝到当地的味道首先就要换豆子。在越南,如果豆子的状态不好,豆子中会有人工加工的味道。另外,为了能让好的豆子保持单纯的味道,也会向其中添加香料。越南的炼乳味道更甜,还会再添加一些人工甜味。另外,萃取方法也不同。在越南当地,人们会将咖啡豆研磨得更细,萃取的时间也更久,并且不是仅注一次水,而是分多次注水。为了健康与时间,当地的味道还是去当地品尝吧!

购买和保养 BUY/MAINTENANCE

1. 购买

越南滴漏咖啡壶

低价型 约50~100元，高价型 约120~180元

2.保养

在丢掉咖啡渣时注意别误将过滤器丢掉。

3.清洗

1.拿出过滤器，将越南滴漏咖啡壶中的咖啡渣丢掉。

2.用清洗球将过滤器与滴漏壶清洗干净。

3.放在干燥架上晾干。

专业人士评价 STAFF'S EVALUATION

使用越南滴漏咖啡壶制作咖啡的5位专业人士对此器具进行评价。

使用的便利性

■■■■◨ 4.5　只要会注水就能萃取咖啡。

清洗管理

■■■■◨ 4.5　构造简单,材质不易破损,清洁简便。

趣味性

■■■■◧ 3.8　看着滴落下的咖啡,仿佛心灵也得到了净化。

经济性

■■■■◧ 3.9　夏天时制作一杯带冰的炼乳咖啡是非常完美的享受!

设计

■■■◨□ 3.1　因价格低廉,所以不够精致。

推荐配方 RECOMMEND RECIPE

越南罗布斯塔咖啡豆与甜甜的炼乳,融合冰凉的冰块,造就了苦中带甜的越南炼乳咖啡。

咖啡实验室7

成为咖啡高手

咖啡高手是指听到别人说出其喜好就能萃取出适合他的咖啡的人。首先要用最基本的萃取方法来试味道,然后以那个味道为依据,按照对方的个人喜好加强酸味或者苦味,来调节咖啡的体感。用一句话来概括,咖啡高手是理解咖啡相关的变化并且懂得如何调节变化来萃取咖啡的人。成为咖啡高手的人最基本的能力就是可制订出萃取咖啡的方法。比如说,在手工萃取滴漏咖啡时,闷蒸咖啡30秒,总萃取的时间为2分30秒,水与咖啡的比例是1:15,水温是90℃,粉碎度是4等,将其设定为基本的萃取方法。有了基本的设定后再根据用新豆萃取出的咖啡的味道,就能了解咖啡的特征。如果喜欢酸一点的,粉碎度就要粗一点,萃取时间就要长一点,水温稍微低一点。相反,如果喜欢苦的咖啡,那么温度要高一点,萃取时间就短一点,粉碎度也要更细一点。这就是以基本的萃取方法为基础,按照豆子的特征而变化的萃取方法。经过多次试验,便可找到最符合豆子特性的配方。

要设定一个基本的萃取方法,其原因是要找到咖啡味道的基准点。以基本萃取方法作为基准,只需在此基础上变化味道就可以了。记住基本的萃取方法吧,去熟悉和体会咖啡的无穷变化!

冰滴咖啡壶 DUTCH COFFEE

"这里面放酒了,对吗?"

第一次品尝冰滴咖啡的N先生问道。看来是因为柔滑的口感和稍显丰富的味道让他认为咖啡里掺了酒。在得到否定的回答后,他用怀疑的眼神望着我们说"别开玩笑了。"因为这样一杯成熟的冰滴咖啡,我们差点被当成了骗子呢!

品名 Hario WDC-6冰滴咖啡壶

材质 耐热玻璃，丙烯树脂，硅有机树脂

大小(长×宽×高)
155×190×520mm

冰滴咖啡壶的构成 COMPONENTS

1. **盖子** | 有机树脂材质，带密封垫，可阻止异物进入水篮与咖啡壶。萃取时放在水篮上，萃取结束时放在咖啡壶上。
2. **水篮** | 在咖啡壶上端，可盛装约850ml的水。玻璃容器。
3. **有机硅胶瓶塞** | 位于水篮的下端，与阀门紧密结合在一起。将小的部分放在水篮的下端，将突出的部分反转安装。
4. **阀门** | 调节水流的铁质阀门。在第二节杯身中朝向咖啡篮安装。将阀门水平抬起时出水，反之关闭。
5. **咖啡篮** | 能盛装约80g咖啡豆。
6. **铁质滤器** | 位于咖啡篮内部，能阻止咖啡粉掉在咖啡壶内。
7. **滤纸** | 将滤纸置于咖啡篮上。从水篮中落下的水会浸湿咖啡粉。
8. **咖啡壶** | 盛装萃取出的冰滴咖啡。容量约850ml。
9. **咖啡台** | 支撑和固定各个部分的丙烯树脂架。

冰滴咖啡壶的历史 HISTORY

"17世纪,荷兰的船员将咖啡从殖民地印度尼西亚运往欧洲,由于长时间航行,船上没有热水,为了方便喝到咖啡,船员们想出了新的萃取咖啡的方法——冷水萃取。用冷水萃取的咖啡口感丝滑,香气丰富,无论是船员还是其他人都能喜欢上它的味道。"

这段关于冰滴咖啡起源的轶事可能是日本的咖啡公司为了宣传冰滴咖啡而采取的营销手段。实际上在荷兰等西方国家,制作冰滴咖啡并不使用在日本常见的"点滴式"萃取法(冷水一滴一滴掉落的萃取方法),而是采用"cold-brew"这样的"浸入式"萃取法(将咖啡粉长时间放在冷水里浸泡的方法)来萃取冰滴咖啡。其实,冰滴咖啡一开始并没有"荷兰咖啡"这一别称。反而是荷兰的咖啡公司听说了日本的这一营销故事后借用了其营销手段。

到底冰滴咖啡始于何处呢?"浸入式"的萃取法首先在美国出现。1964年,康奈尔大学化学专业毕业生托德·辛普森(Todd Simpson)在品尝了古代秘鲁的浓缩咖啡后得到灵感,制作出了"Toddy"冰酿咖啡。托德是咖啡爱好者,他为肠胃不好的妻子研发出了最早的浸透式冰滴咖啡。

而冰滴式咖啡具体是谁发明的便无从得知了。不过,西方将日本的点滴式冰滴咖啡称为"京都式咖啡(Kyoto-style-coffee)"或"京都咖啡(Kyoto coffee)"。

京都最早的咖啡馆创立于20世纪30~40年代,但是这也是一种推测,具体的时间也无从知晓了。

冰滴咖啡的故事 TOOL STORY

咖啡因含量高还是低

冰滴咖啡以咖啡因含量低而闻名。因为水温越低,咖啡因的可溶解量就越低(咖啡因溶解的最低温度是80℃)。用冷水萃取的咖啡虽然咖啡因含量低,但因为是长时间萃取,咖啡因也可能会不断累积,因此也有人认为冰滴咖啡中的咖啡因含量更多,甚至有人以此来做实验。但是因为制作冰滴咖啡时使用的咖啡豆,水滴掉落的时间间隔,以及全部的萃取时间等都不同,从而使得咖啡因的含量也不相同。因此对于咖啡因敏感的人最好还是喝无咖啡因的饮品吧。

咖啡中的红酒

冰滴咖啡是冷藏发酵的咖啡,因此也被称为"咖啡中的红酒"。即使是在同一条件下萃取的冰滴咖啡,根据其发酵时间不同,味道也会发生变化。在相同条件下萃取的冰滴咖啡经过了一天,一周,两周,一个月发酵之后再进行盲品,各自的味道和香气都各有千秋。当然,大家喜欢的发酵时间各不相同。冰滴咖啡随着发酵过程的变化,咖啡的分子量就会变大,会比一开始萃取时口感更加顺滑,而且咖啡成分更加稳定之后,味道会更加有特色。但是过了两周之后就会开始失去味道,在这个时期,咖啡的味道就会开始变得平淡。一般来说,发酵一周后的咖啡最好喝,发酵时间过了一个月之后咖啡就开始腐败,因此,冰滴咖啡的保质期通常是一个月。冰滴咖啡制作好后应尽快饮用,如果反复开关,空气中的霉菌就会进入咖啡液中进行繁殖。为了防止咖啡酸腐,应将其放入密封容器中冷藏保管为佳。

冰滴咖啡就是冰的吗

大部分的咖啡馆都会做成冰的。加热冰滴咖啡会导致咖啡特有的香气流失,便完全感受不到其特有的味道了。但是冰滴咖啡也并非不能做成热的,在冰滴咖啡原液中倒入热水,使咖啡在烫过之后香味流失最小,也能品尝到别样的滋味。

点滴式和浸入式

一般来说,冰滴咖啡采取点滴式萃取方式,即用水一滴一滴萃取出的方式。冰滴式咖啡与冰萃式咖啡相比萃取用具更贵,萃取方式与清洗及保养方式也更麻烦一些,但是与冰萃咖啡相比,味道更加纯净,香气更具风味。冰萃式咖啡用具价格比较低廉,而且制作工艺简单,便于保养,但是因为过度萃取会有苦味与杂味混杂的可能性,需要把握好萃取的时间,所以制作起来还是有一定难度。

冰滴和冰萃,无论选择哪一种方式都是用冷水萃取咖啡,因此比用热水萃取的咖啡香味更加含蓄,而且咖啡油脂与脂肪酸含量较低,能够减轻肠胃负担。

使用须知 NOTICES

注意"洪水"

萃取冰滴咖啡时,常有水溢出咖啡篮的情况发生,一般将其称为"洪水"。"洪水"发生的原因有:由于使用了刚烘焙好的气体尚未完全释放的咖啡豆,导致研磨后的咖啡粉在冲泡时过度膨胀;咖啡粉研磨过细,致使水不易流出;底端过滤器被堵住;水滴流速过快等。一旦发生"洪水",首先安装好咖啡篮的调节螺丝来控制水流,然后使用长柄搅拌匙搅拌,等待水流流出。如果水仍未流出,则说明过滤器或者咖啡研磨存在严重问题,此时应倒掉已经萃取出的咖啡并且清空咖啡篮。预防咖啡洪水有以下几种方法:不要使用刚烘焙好的豆子(即烘焙24小时以内);调节水流的速度,使咖啡粉不会粘在咖啡篮上;将咖啡豆研磨得较粗一些或者在咖啡豆研磨后将细筛挂在咖啡篮末端。

确认水滴

经过几个小时之后,可能会出现阀门上水滴不掉落而停住的现象。导致此现象的原因有很多,最根本的原因是水压发生了变化。1L水压与500ml水压出现的状况是完全不同的,水滴落的同时水压也在渐渐减弱。因此水滴落的速度减慢,可能在某一个时间点停滞下来,通常约一到两小时,此时须确认一下阀门。如果萃取不理想的话,可将水滴落的速度调快一点。只是这种情况下很难维持稳定的味道,要记住"咖啡洪水"的危险性哦。

冰滴咖啡壶的使用方法 INSTRUCTION

准备用具：

咖啡粉（介于手工滴漏与浓缩咖啡之间的粗细／200g），冷水，滤纸，压粉器，冰滴咖啡壶

1.将滤纸固定在咖啡篮中。

2.将80g咖啡粉装入咖啡篮。

3.用压粉器将咖啡粉按压一下，使表面呈水平状态。如果没有压粉器的话，用咖啡匙背小心按压也可。

4.在咖啡粉上面放上滤纸。如果没有冰滴咖啡专用滤纸的话，将普通滤纸按照咖啡篮的大小剪好也可以。

5.在水篮中倒入水。如果喜欢浓咖啡，则咖啡粉与水的比例是1:5，如果喜欢淡咖啡的话，比例则是1:10。即使还没有开始萃取，考虑到咖啡粉的含水量，也请多放些水。

6.将水滴速度调节为每两秒一滴。

7.由于水压的缘故，水滴的速度会渐渐变慢，请每2～3小时检查一下水滴速度，保持每两秒一滴。

8.等待咖啡全部萃取出来（最长萃取时间约6~7小时），将萃取出的咖啡摇晃一下，以调节整体的浓度，再将其倒入密闭容器中保存。

使用小贴士 TIPS

比较经济的替代方法

对于咖啡篮上使用的滤纸,可使用Kalita圆形滤纸,或使用爱乐压滤纸,或者将手工滴漏咖啡用的滤纸剪一下也可以。虽然压粉器很不错,但是使用咖啡匙背或者保温杯底也可以。

替代配方

许多人为了不用高价购买冰滴咖啡壶也能享用到冰滴咖啡,从而想出很多方法。如果你有法压壶,可按1:11的比率将咖啡粉与水混合后放在冰箱中保存,几个小时之后用铁质滤器萃取,再将咖啡粉过滤就能做出冰滴咖啡。或者如果你有爱乐压,可以使用反转萃取方法制作冰滴咖啡(参考爱乐压的使用小贴士),将15g咖啡粉与150ml凉水充分混合4分钟之后再萃取就可以啦!

购买与保养 BUY/MAINTENANCE

1. 购买

冰滴咖啡壶

由于冰滴咖啡壶的容量与材质以及品牌不同,价格差异较大。

低容量 实惠型 冰滴咖啡用具 约300~500元

低容量 高级型 冰滴咖啡用具 约600~1200元

中容量 高级型 冰滴咖啡用具 约1200~2400元

大容量 高级型 冰滴咖啡用具 约3000~12000元

消耗品

压粉器 约120~300元

圆形滤纸 约240~360元

2.清洗

1.拿掉咖啡篮上的滤纸,丢掉咖啡渣。

2.拿掉铁制滤器,按照逆时针方向旋转分离后用水清洗。

3.可使用中性洗剂与清洗刷清洗咖啡篮与咖啡壶。

4.水篮平时要保持干燥,每两周使用中性洗剂与清洗刷清洗一下。

5.将清洗好的配件放在干燥架上晾干。

专业人士评价 STAFF'S EVALUATION

请使用冰滴咖啡壶制作咖啡的5位专业人士就此器具进行评价。

使用的便利性

■■□□□ 2.1 只要下定决心尝试一次,一周内就会学会。

清洗管理

■■▪□□ 2.5 因为是玻璃的材质,所以清洗时要很小心。

趣味性

■■■■□ 4.1 看着浓郁的咖啡液滴落下来,仿佛忘记了时间的流逝。

经济性

■■▪□□ 2.3 各品牌售价都不便宜。

设计

■■■■▪ 4.2 冰滴咖啡壶的设计会让你毫不犹豫地为它投上一票。

推荐配方 RECOMMEND RECIPE

将水与咖啡粉比例为1:5的浓咖啡倒在香草冰淇淋上,就能品尝到阿芙咖朵(Affogato)。冰咖啡将冰淇淋慢慢融化,非常好喝。

咖啡实验室 8

咖啡等级

咖啡豆是农产品,因此会分出品质好的咖啡豆和不那么好的咖啡豆。一般来说,咖啡豆是根据味道来评价的。不过,将影响味道的因素作为评价基准的国家和地区也有很多。以因素为基准,不同国家有各自不同的标准,有的是以豆子越大,生产纬度越高,坏豆与异物越少,则评价越高。以下表格是咖啡豆主要生产国等级分类与分类标准。

咖啡豆主要生产国等级分类与分类标准

国家	分类标准	等级	等级标准	参考
巴西	300g生豆中的坏豆数量	No.2 No.3 No.4 No.5 No.6	4个及以下 5~12个 13~26个 27~46个 47~86个	是否有坏豆、生豆颜色、味道均包含在评价标准中。官方标准中是没有一级豆的。
哥斯达黎加	咖啡栽培地与海拔高度	SHB(Strictly Hard Bean)(极硬豆) GHB(Good Hard Bean)(好硬豆) HB(Hard Bean)(硬豆) MHB(Medium Hard Bean)(中硬豆) HGA(High Grown Atlantic)(大西洋高海拔)	1,200~1,650m 1,100~1,250m 800~1,100m 500~1,200m 900~1,200m	海拔高度不同,咖啡豆的硬度也不同。海拔越高,豆子品质越好。海拔低但是硬度好也能得到好评。
哥伦比亚	咖啡豆的大小(screen size):1颗=0.4mm	Premuim(特级) Supremo(高级) Extra(特优) European(欧洲标准) U.G.Q.(Usually Good Quality)(一般优质)	18个 17个 16个 15个 14个	以500g咖啡豆中坏豆数量的等级来评价。有名的依塞尔索(Colombia - Excelso)指的是所有能出口的咖啡(包含Extra, European, U.G.Q等级等)

国家	分类标准	等级	等级标准	参考
危地马拉	咖啡栽培地与海拔高度	SHB(Strictly Hard Bean) HB (Hard Bean) SH(Semi Hard Bean) (半硬豆)	1,400m以上 1,200~1,400m 1,000~1,200m	分为七个等级：SHB, HB,SH,Premium 等
埃塞俄比亚	300g生豆中的坏豆数量	Grade 1 Grade 2 Grade 3 Grade 4	3个及以下 4~12个 13~25个 26~45个	用G来表示等级。埃塞俄比亚出产的咖啡豆因山地不同，味道也很不相同。
肯尼亚/坦桑尼亚	生豆大小	AA A B C	18个及以上 17个 15~16个 14个	用PB来表示等级。针对圆豆来分级。
夏威夷	300g生豆中的坏豆数量	Kona Extra Fancy Kona Fancy Kona Calacoli No.1 Kona Prime	19个及以上/坏豆10个以内 18个及以上/坏豆16个以内 10个及以上/坏豆20个以内或坏豆25个以内	夏威夷岛上出产的咖啡豆。根据岛的名字和品种命名。
印度尼西亚	300g生豆中的坏豆数量	Grade 1 Grade 2 Grade 3 Grade 4a Grade 4b	11个及以下 12~25个 26~44个 45~60个 61~80个	参照猫屎咖啡的等级体系。

近年来有超越等级和排名分类的新式标准出现在各种咖啡豆评选大会上，比如以一些高品质小规模生产农场所代表的独资农场品牌主导着精品咖啡市场。

与咖啡豆的等级同等重要的是豆子的收获时期。无论品质多好的咖啡豆，如果是收获已久的豆子，品质都会下降。生豆收获后一年不到的时间，标记为new crop；两年之间的标记为past crop；三年以上的标记为old crop。收获时间也有历经两年的咖啡豆，例如从2014年下半年到2015年收获的豆子就标记为14~15。而标记为15~16的，2015年底收获的豆子就可称为new crop。

虹吸咖啡壶 SYPHON

"哇～好神奇！我要拍照！"

刚开始使用虹吸咖啡壶的P先生不断地惊叹，赶忙掏出手机要拍照。他用手机将虹吸咖啡的萃取过程毫无遗漏地记录下来，看得出他真的很兴奋。

品名 Hario 虹吸咖啡壶 2人用（hario tca-2）

材质 高耐热玻璃，聚丙烯，橡胶，不锈钢，布

大小(高×底高×上部分直径)
345×190×87mm

虹吸咖啡壶的构成 COMPONENTS

1. **盖子** | 上壶的盖子。萃取后将盖子翻过来,安装在上壶上。
2. **上壶（活塞杯）** | 萃取时水上升的上端部分。将滤纸固定在此处。
3. **下壶（烧瓶）** | 壶中放入水,用酒精灯加热的部分。有标示萃取量的刻度。
4. **支撑杆** | 通过收紧连接部分的螺母起到固定下壶的作用。
5. **绒制滤布组合** | 绒制滤布与金属固定工具。上壶的下端连接金属弹簧环用来固定滤纸,起到萃取时过滤咖啡的作用。除了绒制滤布外也可以使用滤纸,但是需要另外购买。
6. **酒精炉** | 用于给上壶加热。其实不用加入酒精,所以不用另外购买酒精。
7. **咖啡匙（改良）** | 制作1人份的咖啡需要装入10g咖啡粉。

虹吸咖啡壶的历史 HISTORY

因为虹吸咖啡壶在日本被广泛应用,所以有人认为虹吸咖啡壶是日本人发明的。其实它起源于欧洲。1840年,苏格兰海洋工程师Robert Napier研制出了虹吸壶。只不过,Robert Napier研发的虹吸壶是与我们所熟知的虹吸壶外型有些不同的平衡咖啡壶。

那么与我们常用的外形一样的虹吸壶是谁发明的呢?发明者是19世纪30年代在德国柏林生活的名叫Loeff的男人。当时,虹吸壶并不用于制作咖啡而是用于制作分子鸡尾酒(用分子化学方法制作)。之后,法国的Vassieux夫人开发出用两个圆形玻璃管连接的壶体,称之为French ballon(法国气球),这款咖啡壶与现在普遍使用的虹吸咖啡壶最相像。French balloon发明一段时间后,手柄的样式以及支架的材质等细节也被研发出来。

20世纪伊始,从欧洲到美国,虹吸咖啡壶人气高涨,一直到1915年,美国开发出了耐强高温的虹吸咖啡壶,随后,许多玻璃制品公司纷纷推出了各类虹吸咖啡壶,同时开始了专利大战。直到1952年,Kono公司出品的虹吸咖啡壶实现了大众推广。

虹吸咖啡壶的故事 TOOL STORY

虹吸咖啡壶的名字

虹吸咖啡壶本来的名字是"Vacuum Brewer",即真空器皿。在美国和欧洲主要采取真空式的萃取方式,所以通常称其为"Vacuum Coffee Maker"(真空咖啡壶)或"Vacuum Pot"(真空壶)。但是"Syphon"(虹吸)这个词是从哪里来的呢?该词始于将虹吸壶大众化的日本Kono公司。

20世纪七八十年代的茶房咖啡

韩国的咖啡文化大部分是从日本传播过来的,其中就有虹吸咖啡壶。20世纪70~80年代,大学边的茶坊中虹吸咖啡壶特别流行。到了20世纪90年代,随着贸易自由化,萃取与保养更加便捷的咖啡机渐渐取代了虹吸咖啡壶,虹吸咖啡壶渐渐销声匿迹。但是近几年,随着咖啡精品化的趋势,咖啡烘焙工坊中重新出现了虹吸壶的回潮。

© photo by Nan Palmero

展现咖啡萃取的最高美学

平衡式虹吸壶,起到活塞和烧瓶作用的壶和玻璃水瓶不是上下悬挂的,而是位于两边。萃取过程中水往返于两边,就像在玩跷跷板一样左右、上下移动,实际上这是为了保持平衡而设计的,所以它被称为平衡式虹吸咖啡壶。相对于其高级的设计,平衡式虹吸咖啡壶以令人眼花缭乱的萃取过程而闻名。萃取时壶中的水全部移动到玻璃水瓶中后,壶身变轻,壶体上升,壶下方的酒精灯盖子自动下降将火熄灭,咖啡液再次从玻璃烧瓶中吸入壶中。可以说,这是所有的咖啡器具中最精彩的场面。

此款壶的外形分别为金色和银色,设计感强,并拥有听起来非常高级的名字——"维也纳皇家平衡式虹吸壶"。但是此器具萃取方式复杂,清洗和保养也比较繁琐,所以价格是一般虹吸咖啡壶的2~3倍。大多数人购买后将其作为装饰品,或只在招待重要客人时才使用。

电影中的虹吸咖啡壶

在电影《遗愿清单》(Bucket List)中,就出现了虹吸咖啡壶的身影。并且它不仅仅是作为道具出现,而是有专门的特写镜头。剧中,经营财团企业的爱德华从高级公务包中拿出闪耀着金黄色的平衡式咖啡壶和猫屎咖啡放在窗边。在此处场景中,平衡式虹吸壶的出现是为了更加凸显爱德华的富有。随后在电影中,卡特向爱德华表示了对平衡式虹吸壶的好奇,继而便出现了二人谈论起咖啡起源的片段。

制作热分子鸡尾酒

放入下壶中的液体材料	放入上壶中的干性材料
杜松子酒 90 ml	茉莉花 1朵
糖浆 90ml	薰衣草干花蕾 1/2大勺
水 300ml	生姜薄片 25g
	香茅草 1小把（剪成一半）
	柠檬皮屑（1个柠檬）

虹吸壶在研发初期并不是用于制作咖啡而是用于制作热分子鸡尾酒，所以用虹吸壶也可以制作帅气的鸡尾酒。虽然配方有许多，但通常都是将干性材料放入上壶，将液体放入下壶来煮制。

1.将液体材料混合后放入下壶。
2.在下壶中将滤布固定好，将上壶与下壶安装在一起。
3.将下壶加热时液体会上升到上壶中，此时用木质搅拌棒慢慢搅拌。
4.等待两分钟之后，停止加热，待液体全部进入下壶后，将上壶前后摇晃，并将上壶放在盖子上。
5.将热鸡尾酒倒入杯中饮用。

使用须知 NOTICES

擦干下壶

使用前一定要确认下壶表面是否有水汽。不,还是养成萃取咖啡前擦干下壶的习惯吧。因为如果在下壶表面有水汽的情况下加热,下壶容易碎裂。

调节螺母

一定要仔细查看下壶与支撑杆之间的连接部分,即固定下壶的金属装置和调节螺母。如果不注意保养的话,这些零件会渐渐老化,或许哪天不注意下壶就会忽然掉落。所以,萃取前最好还是仔细检查这个部分,然后再萃取咖啡比较安全。

购入酒精必看！

虹吸壶的酒精灯里有酒精吗？很可惜，虹吸壶的酒精灯并不与酒精一起出售。在购买虹吸壶时需要像摩卡壶的圆形铁架一样单独购买。在萃取前，要查看一下酒精是否充足，要避免闻到烧焦味道。酒精可在药店购买。

准备滤布

壶中的绒制滤布若直接使用的话，咖啡中会混杂绒布的味道，而且还会因为绒布的纹路细密而很难萃取出咖啡。因此在使用前一定要将绒布放在纯净水中煮一下。煮时放入一些咖啡粉，对于去除绒布的味道很有效果。在绒布煮好之后，用流动水冲洗，然后轻轻拧干。不能像拧抹布一样拧滤布，如果太用力拧的话会破坏布的组织。之后用干毛巾将绒布盖上，慢慢挤压吸出水分，将绒布柔软的一面向内，拉着边缘的线固定好即可。

虹吸咖啡壶的使用方法 INSTRUCTION

准备用具：

咖啡粉（比手工滴漏咖啡粉粗，1人份约10g），水（1杯 140ml，2杯 280ml），虹吸壶，手冲壶，木质搅拌棒（或咖啡匙），酒精灯，点火器，计时器，滤纸（或者绒制滤布），杯子

1.将下壶安装好，向壶中注水。将下壶与杯子预热。

2.将酒精灯放在下壶下方，点火。

3.将铁质滤器按照逆时针方向旋转,在上面放入滤纸,然后按照顺时针方向安装好。绒制滤布一般是将粗糙的一面朝外,拉着边缘的线,将绒制滤布固定好。

4.将固定有滤纸的铁质滤器放入上壶中。此时将弹簧环悬挂的部分向下拉,将滤器与下壶末端的弹簧环固定。借助木质搅拌棒将滤纸放在正中央。

5.将咖啡粉放入上壶中,轻轻摇晃使咖啡粉表面呈水平状态。

6.不要将放入咖啡粉的上壶完全插入下壶中,应稍微倾斜地插入。

7.水煮沸后再将上壶完全插入下壶。

8.一旦水开始升入上壶,就用计时器计时1分钟。

9.待水全部升入上壶后,用木质搅拌棒画圆,将咖啡粉与水搅拌5次。此时如果搅拌得太深会碰到滤纸从而使咖啡渣进入咖啡液中。另外要注意若搅拌太多次的话咖啡味道会变得很重。

10.计时1分钟之后,熄灭酒精灯。用木质搅拌棒再次画圆搅拌5次。

11.稍等片刻后,上壶中的咖啡就会被吸入下壶。(用凉水浸湿毛巾包住下壶,壶内部的空气变冷,气压就会产生变化,咖啡就能更快地被吸入下壶。)

12.待咖啡全部被萃取到下壶中,用一只手抓住上壶上端部分,另一只手抓住支架,将上壶前后晃动,使上壶与下壶分离。将上壶放好,小心不要让它倾倒。

13.将杯子中预热的水倒掉,向杯中倒入下壶中的咖啡。用虹吸壶萃取的咖啡非常烫,等待1~2分钟之后饮用为佳。

虹吸咖啡壶 SYPHON / 167

使用小贴士 TIPS

煮水

使用虹吸壶萃取咖啡时,最费时间的就是煮水。那么我们来比较一下分别用煮开的水,饮水机中的热水,放入虹吸壶中煮开的水来萃取咖啡所需的时间吧。用煮开的水萃取需5~6分钟,用饮水机中的热水萃取需9~10分钟,在虹吸壶中煮纯净水萃取需15~16分钟。水与咖啡混合的时间与水留下的时间约2分钟,但是烧水却要用10分钟。这样的话,即使是萃取过程十分值得观赏,咖啡的香味也十分浓厚,但是仍令人感到很耗费时间,因此使用虹吸壶时注入热水是必须的。

更换一下火源

Halogen Beam Heater是Halogen电器公司研发的能瞬时间达到高温的工具,并且还能调节温度。它使快速烧水、快速萃取咖啡成为可能。此工具制造出的红色光芒使得整个制作咖啡的过程更加梦幻,将虹吸壶的演示效果也最大化了。但是Halogen Beam Heater售价极高,通常为虹吸壶的4~5倍。

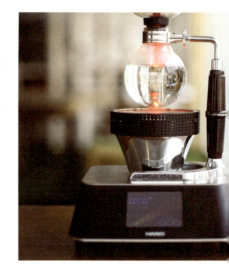

安全使用

在水完全煮沸之前将下壶略微倾斜地放在上壶上面,这是为了防止由于水煮沸之前产生的蒸汽压力使一部分水上下往来到上壶中而导致萃取过度。将下壶倾斜地插入上壶会不会倾倒呢?将盖子翻过来,将上壶放在上面,直到水完全烧开,再将上壶和下壶安装在一起。某些玻璃材质的上壶会因为温度忽然升高而损坏,所以要提前预热。通常情况下,虹吸壶能承受100℃以上的温度。

纸vs绒

与绒制滤布相比,滤纸更能萃取出纯净咖啡的味道,并且由于是一次性的,所以使用起来更方便。而绒制滤布与滤纸相比能萃取出味道更丰富的咖啡,但是清洗与保养十分繁琐是其缺点。把握好滤纸的优缺点,可以按照自己萃取的特点和喜好来萃取咖啡。

制作出更好喝的咖啡的诀窍

在将上升到上壶的水与咖啡粉混合时,可使用咖啡匙背来搅拌,但是更推荐购买虹吸咖啡壶专用木质搅拌棒。使用家中的木制筷子也可以,但是如果用金属材质的筷子来搅拌的话,会有令下壶破损的危险,所以不推荐使用。

搅拌次数少或者慢慢搅拌的话,酸味更强,萃取时间更长;搅拌次数多或者搅拌速度较快的话,烟熏味更强,咖啡味道更加浓烈,因此可以按照自己的喜好来搅拌。如果搅拌效果不错,上壶中应该是咖啡液,咖啡粉,泡沫成三层。如果没有出现这样三层的话,那就得改变一下搅拌方法、搅拌强度与搅拌次数。

被称为"magic hour"的咖啡粉渣掉落到底部时,会萃取出叫作"黄金冠"的金黄色泡沫。搅拌次数越多,这层泡沫产生的就越多。因此可以根据此原理进行适当的搅拌。萃取结束后就能知道搅拌效果如何了,上壶中的咖啡渣呈穹形而且没有贴在上壶壁上就表明搅拌的不错。

购买与保养 BUY/MAINTENANCE

1.购买

产品与零部件因制造商、产地不同,价格也有所差异。

虹吸壶

千元至万元不等

零部件／消耗品

虹吸壶按照各个配件销售,所以按照零部件分别购买。这些也因制造商、部件以及产地不同,价格也有所差异。

上壶 200~500元

下壶 100~300元

酒精灯芯 约30元

滤器／酒精灯 约100元

绒制滤布 5张/10张一组,每组100元左右

滤纸 60~100张/袋,每袋约100元

酒精灯／Beam Heater

购买虹吸咖啡壶也需另外购置酒精灯,但是若经常使用的话,酒精灯的加热速度太慢。此时就需要制热器具Halogen Beam Heater。虽然价格高,但值得购买。

Halogen Beam Heater 约3000元

Smart Beam Heater（电子型） 约5000元

2.保养

即使是Hario这样的公司也没有提出详细的虹吸壶的保养方法。因为使用科学原理萃取咖啡的过程令人眼花缭乱,但是萃取原理和器具结构其实很简单。无论是制造商还是专家都只是在重复强调因为是玻璃材质,所以注意不要损坏。因此,注意不要损坏就是最好的保养方法。在使用绒制滤布时,使用15~20次之后更换比较好。对于饮品来说,毕竟卫生最重要。

3.清洗

1.在萃取结束后,等待虹吸壶的温度降低。

2.将上壶前后摇晃,用手握住上壶下端,将咖啡渣吹净。

3.拉住上壶挂着的弹簧环,松开后拿掉滤器。

4.如果使用的是滤纸,将滤器上下端按顺时针旋转,卸载后拿掉滤纸。如果使用的是绒制滤布,从滤器中拿出绒制滤器,然后用水清洗后放入纯净水中浸泡。

5.不要使用洗涤剂,要使用柔软的清洁用具并用流动的水冲洗上壶。不使用洗涤剂是因为不小心就会有洗涤剂残留在壶中,影响下一次的萃取。

6.下壶与支架连接在一起清洗也可以,但是分卸之后清洗可以防止支架上的螺母生锈。下壶也不要使用洗涤剂,要使用流动的水冲洗。

7.将上壶下壶分开放置,容易流出其中残留的水,待其干燥后再安装。

专业人士评价 STAFF'S EVALUATION

使用虹吸咖啡壶制作咖啡的5位专业人士对此用具进行评价。

使用的便利性

■■■◨□ 3.5　一开始熟悉使用方法需要一些时间,但是一旦了解之后就很想拿来炫技。

清洗管理

■■◨□□ 2.5　使用绒制滤布觉得麻烦的话就使用滤纸吧。清洗起来就会方便很多。

趣味性

■■■■◨ 4.5　最有型的咖啡器具!

经济性

■■■◨□ 3.5　价格虽然有些贵,但是使用后觉得物有所值。

设计

■■■■□ 4.0　虽然会让人误认为是科学实验用具,但却能一下子博取眼球。

推荐配方 RECOMMEND RECIPE

若选用埃塞俄比亚耶加雪菲这种有酸味的豆子,不妨使用绒制滤布,因为能品尝到有华丽味道的虹吸壶单品咖啡。

采访世界虹吸咖啡壶大赛亚军中山庆喜 INTERVIEW

Q 请做一下自我介绍吧。
A 我是丸山咖啡的品牌管理人中山庆喜,是2013年日本虹吸咖啡壶大赛以及2013年世界虹吸咖啡壶大赛两项大赛的优胜者。虹吸咖啡壶一般采用酒精灯或燃气炉、Beam Heater 等热源。除了使用虹吸壶,我还尝试使用各种萃取方式来萃取咖啡,在这其中,虹吸壶能更好地反映出精品咖啡的风味和特征,在"精品咖啡时代"起到了非常重要的作用。现在我正在为普及虹吸壶而努力着。

Q 虹吸壶是一种什么样的器具,具有哪些特点呢?
A 虹吸壶利用水蒸气的压力变化使热水上升和下降,通过这样的方法来浸出、过滤和萃取咖啡。一开始喝时由于咖啡还是滚烫的,所以香气非常丰富,能够充分将精品咖啡豆的酸味和甜味引出。同时,咖啡的回味较长也是它的一个特点。如果使用绒制滤布过滤咖啡,味道非常顺滑,口感也非常棒。

Q 作为专家,您认为虹吸壶的优缺点是什么?
A 首先,萃取的过程非常有意思,观赏的过程同样有趣。其次,它的外形非常优美。重要的是,虹吸壶能够明确表现出精品咖啡豆的风味和特征。缺点是咖啡味道会受到混合咖啡技术的影响,好的萃取技术才能萃取出味道稳定并且好喝的咖啡。另外,萃取出的咖啡都是高温咖啡,所以一开始喝时不太方便。

Q 对于一般的使用者来说虹吸壶是容易损坏的器具。能不能告诉读者不易打碎的方法。
A 由于材质的关系,它的零件都是易碎的。除了小心使用之外,最重要的是要对使用方法足够熟悉。

Q 您平时多久使用一次虹吸壶呢?
A 每周大约三次吧。

Q 请告诉我们一个您自己的咖啡配方吧。

A 热水160ml,咖啡豆大约15~16g,萃取量150ml,浸出时间(第一次混合后第二次混合前)16~30秒。

Q 除了使用虹吸壶萃取咖啡外,还有其他值得推荐的标志性的饮品吗?

A 在上壶中放入肉桂粉能制作出不同的咖啡味道,用融化了的果酱代替糖加入到2.5倍浓度萃取的肯尼亚冰咖啡中,就能得到一杯独特的甜味咖啡。

Q 除了虹吸壶之外,主要使用的咖啡器具有哪些?

A 除了虹吸壶之外,我主要使用法压壶,浓缩咖啡机等。

Q 您觉得咖啡的意义是什么?

A 我觉得咖啡是极大地丰富了"衣食住"中"食"这部分的饮品,现在它已经不可替代了。

Q 最后对虹吸壶的使用者们讲两句吧。

A 虹吸壶的萃取方法通过人的技术和诚信,从而影响了咖啡味道。虽然萃取方法有点难但是这其中隐藏着多种可能性,因此充满了挑战。

咖啡实验室9

咖啡豆命名法

选择咖啡豆时要参考的就是豆子的信息。就好像旅行指南小册子中所记录的旅行地特征一样,通过豆子的信息也能期待豆子的特征和味道。

咖啡豆的专门档案中一般会标注地域,等级,农场,加工方式,烘焙日期,烘焙程度等,甚至还有生产纬度,品种,收获年度等记录。虽然没有全部了解的必要,但是知道豆子是如何被命名的还是很有必要的。豆的名称中包含生产国家,地域,等级。如果此国家管辖咖啡产业,通常采用省略生产地区名和国家咖啡等级的标示方式。我们常说的肯尼亚aa或者哥伦比亚supremo等就是代表,在这里,生产地区加入国家名和等级的情况很多。埃塞俄比亚Yirgacheffe G2,哥斯达黎加蜜处理SHB都是此种命名方式。如果未标明产地或地名,则会加上原豆收购或者出售的地点,如巴西Santos No.2,也门摩卡,其实都是出口咖啡的港口名。

有时,农场名字也会代替等级出现在咖啡豆的名字中,农场主们省略掉等级体系,直接将自己农场的名字加入到咖啡豆中,这也间接表达了农场主们对自家咖啡豆的品质拥有足够的自信。农场有时也会购入品质上乘的咖啡豆进行加工或脱谷。

另外就是将咖啡展示比赛中取得名次的咖啡豆加入名称中,这种情况渐渐多了起来。具有代表性的就是COE (Cup Of Excellence)。COE是以竞拍为主题的非盈利团体的名称,也代表了世界上最重要的精品咖啡豆竞拍会,中南美主要咖啡生产国要在此竞拍会上品评出名次。COE聚集了许多位国际级评审，他们通过对咖啡豆严格的评审，确定出顺序和分数后进行竞拍，并将竞拍后的名次以及年度加入到咖啡豆的名字中。生产豆子的农场信息也会进入咖啡豆的名字中，但因为更加重视咖啡豆的名次有时也会省略农场信息。有一些咖啡豆销售商将多种豆子混合，为固有的混合豆子加上名字，另外还有直接出售商品名的情况。下面是简单整理后的咖啡的取名方法。

栽培国家＋（产地）＋等级

栽培国家＋港口＋等级

栽培国家＋农场名称或加工场所名称

栽培国家＋年度＋展示大会名次＋（农场名称）

栽培国家＋农场名称＋（品种）

烘焙者或者销售者自行加入名称

ROK 手压浓缩咖啡机
ROK ESPRESSO MAKER

"这是韩国制作的吗?"

O先生看到此器具上写着ROK字样,吃惊地问道。也许因为与韩国的英文缩写词"ROK"相同,所以会这样想吧。光滑的银色表面以及两边的杠杆令它看起来仿佛是一只优雅的企鹅。

品名 ROK手压浓缩咖啡机 ROK Espresso Maker

重量 1.8kg

大小(长×宽×高)
210×130×290mm

ROK 手压浓缩咖啡机的构成 COMPONENTS

1. **气缸** | 约能放入50ml水。
2. **手柄** | 双手握住手柄,向上提起后向下压,起到使气缸产生压力的作用。
3. **过滤器** | 盛装咖啡粉的过滤器。
4. **硅胶垫圈** | 安装在机身内。在水压变大时,硅胶垫圈上的小孔能够制造出较大的压力。将水中的压力整体地分散在咖啡粉上,使其维持一定的压力。
5. **压粉器** | 将咖啡粉表面按压平整的咖啡匙。

ROK 手压咖啡机的历史 HISTORY

Presso是由世界首屈一指的英国顶尖设计集团Therefore的设计师Patrick Hunt研发的绿色环保浓缩咖啡机。2002年，Patrick Hunt看到世界咖啡消费数额不断增涨，于是便产生了研发家用咖啡器具的想法。Presso上市十年后即2012年，在Presso基础上研发的升级版"ROK手压咖啡机"上市了。ROK 手压咖啡机不仅拥有十年的品质保证，而且抗压力提升了35%，牛奶泡沫机的材质也由塑料换成了不锈钢，各个方面的品质均完胜Presso。ROK手压咖啡机的"ROK"并不是某个单词或者句子的缩写，而是品牌的名称，"ROK"的含义为用人的力量制造出强大的压力。

ROK 手压咖啡机的历史 TOOL STORY

The 'ROK' Band

为了进行与"ROK"的产品名称相匹配的宣传,此品牌还组成了 The 'ROK' Band摇滚乐队。他们的主打歌曲名为《one squeeze》,从歌名中就能知道这是一首宣传ROK手压咖啡机的宣传曲,歌中强调只要萃取一次就能喝到好喝的咖啡。网络上可以看到这首歌的MV,很可惜这只是一支临时乐队。

环境友好型低碳手动浓缩咖啡机

ROK 手压咖啡机最大的优点就是它是一款顺应了世界环保趋势的"环境友好型低碳手动浓缩咖啡机"。无论在哪里只要有热水和咖啡粉,用它就能喝到好喝的咖啡,因此,它在环保一族和野营爱好者中非常有人气,野营用品店中通常有出售。对于喜欢野营或者关心地球气候变暖的咖啡爱好者来说,ROK真的是家庭必备。

设计师制作的咖啡器具

仿佛如企鹅一般可爱的银色机身以及匠人用心的手工抛光技法使ROK手压咖啡机体现出高级光泽。即使是设计门外汉都能感受到它高超的设计感。优秀的设计师制作的用具兼具了实用性与独特的外形,它于2004年先后获得了英国D&AD奖,日本Good Design奖,以及英国Design Work奖。

使用须知 NOTICES

安装硅胶垫圈要区别上下面

刚开始使用会出现的失误之一就是将硅胶垫圈安装错。仔细看,两面中有一面的孔更小,而另一面的孔相对来说更大。孔眼更小的在下面,将其安装在机器中间的空洞上就会产生可以进行合适萃取的强大压力。在清洗后再次安装时一定要区分垫圈的上下面。

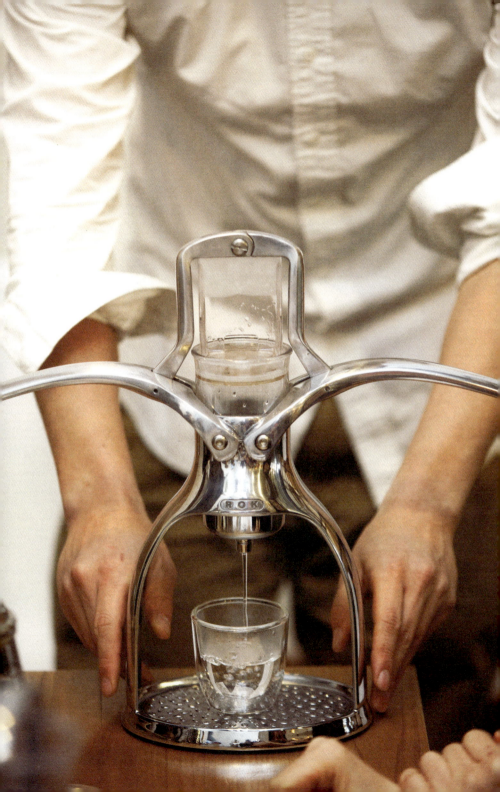

ROK 手压咖啡机的使用方法 INSTRUCTION

准备用具：

热水（90~95℃，1杯40ml，2杯80ml），ROK手压咖啡机，手冲壶，咖啡粉（粉碎度：浓缩咖啡用，约16g/2匙），马克杯，浓缩咖啡杯，干毛巾

1.在马克杯中放入滤器，倒入热水预热。将马克杯也一起预热。

2.检查是否将气缸下面的硅胶垫圈的小孔面朝下放置。将滤器从左边向右边旋转，装入咖啡机的中间部分。

3.在上端的气缸中注入热水进行预热后，握住两边的手柄向下压，挤出预热用水。将滤器用干毛巾擦干。

4.将准备好的咖啡粉倒入滤器中，用压粉器将咖啡粉表面抚平。

5.将放入咖啡粉的滤器安装好之后,在下方准备好浓缩咖啡杯。如果想品尝新鲜的咖啡油脂,可在下面放上届台,缩小杯子与滤器的距离。

6.按照想要萃取的杯数注入热水。两杯的话在气缸中注入三分之一的水即可。

7.握住两边手柄的尾部,慢慢向下压,使热水拂过咖啡粉层,等待10秒。

8.在20秒内将两边的手柄按照一定的速度向下压。将手柄向最上端抬起,然后快速向下压。在大泡沫即将出现时结束萃取。

使用小贴士 TIPS

可替代的选择
与ROK类似的一款环境友好型手动咖啡器具就是爱乐压。如果你有爱乐压的话,试着将爱乐压的漏斗插在ROK手压咖啡机的滤器上,使用爱乐压的漏斗可以将咖啡粉干净地装入滤器中。

请给我咖啡油脂!
喜欢喝浓缩咖啡的人大都会对用浓缩咖啡机萃取咖啡时出现的黄金色泡沫咖啡油脂很敏感。如果想要丰富的咖啡油脂的话,除了需要新鲜的咖啡豆,注意器具加热等基本事项外,还需要适合的粉碎度,以及合适的压粉工具。但是用ROK的压粉器来填平咖啡粉的话并不完美,如果想要泡沫更加完美,推荐49.5mm的压粉器。将杯子底部放上支架,使杯子与滤器之间的距离更近,尽量制造出最大的美丽泡沫。

No Thank you!
ROK手压咖啡机的基本构成中包含牛奶起泡机,看起来是为了照顾喜欢喝卡布奇诺的消费者,但是好像并没有在牛奶起泡机上花费太多的心思。其不锈钢材质在划到铁板时会发出刺耳的声音,分卸也比较不方便,清洗起来很繁琐,这就与卫生问题相关了。对于没有单独的牛奶起泡机的人来说虽然很感谢品牌的用心,但是如果单独购买了牛奶起泡机,则不建议使用ROK自带的起泡机。

购买与保养 BUY/MAINTENANCE

1.购买

ROK 手压咖啡机

产地、品牌不同,价格有差异,约1800~3000元。

消耗品／零件

各种零件也可以单独购买,但是购买地不同,价格也有差异,请以实际市场价格为准。

2.保养

禁止使用餐具洗洁精来清洗咖啡机。如果不得不使用洗洁精,应使用中性洗洁精。清洗后的晾干很重要,特别是盛装咖啡的滤器。偶尔用硬币将两侧手柄中间连接部分分离开,确保能够清洗到每个区域。如果不是使用与之前相同的压力萃取的话,那就要更换硅胶垫圈。

3.清洗

1.将盛装滤器与壶身分开后去除咖啡渣。

2.将盛装滤器中残留的咖啡渣用水清洗去除。

3.将盛装滤器安装在壶身中央,将硅胶垫圈取下并用水冲洗。利用边缘的沟槽能够将硅胶垫圈轻松卸载,将其放置在干燥架上晾干。

专业人士评价 STAFF'S EVALUATION

使用ROK 手压咖啡机制作咖啡的5位专业人士对此器具进行评价。

使用的便利性
■■■□□ 3.2　虽然使用者力气有大小,但是无论是谁都能简单操作。

清洗管理
■■■■□ 4.0　有几个配件需要拆卸后清洗,但是没有易碎的部分。

趣味性
■■■■□ 3.6　拥有企鹅般的外形以及亲手萃取的乐趣,若要大量萃取的话则需要费些力气。

经济性
■■□□□ 2.5　价格并不便宜。

设计
■■■■■ 4.6　闪耀着的光泽以及展翅似的外观——难道不觉得它很雄壮吗?

推荐配方 RECOMMEND RECIPE

大理石花纹咖啡

使用single original咖啡豆,即单一品种咖啡豆,在萃取出两倍浓缩咖啡之后,向盛装着冰块和牛奶的杯子中倒入浓缩咖啡,就能看到咖啡与牛奶混合后的大理石花纹。single original豆子的酸味和牛奶的香气绝妙地结合在一起。

咖啡实验室10

咖啡处理过程（coffee processing）

购买咖啡豆时仔细观察包装上的信息会看到natural, washed等标识。当然也有没有标识的，但是越是高品质咖啡豆越会仔细标示出此类信息。natural, washed等标识是表示从咖啡果实到咖啡豆是以什么样的方式制作出来的相关信息。

咖啡果实长得像樱桃（cherry），因此也被称为咖啡樱桃（coffee cherry）。咖啡果实有外皮，剥掉外皮之后就能看到果肉。除去果肉后能看到黏液物质包裹着的羊皮纸外壳，除去黏液物质与羊皮纸外壳之后，就是我们想要的银色薄膜包裹着的种子了，这个种子就是咖啡豆。将咖啡果实制成咖啡豆的过程就叫作咖啡处理过程（coffee processing）。有关咖啡处理过程的知识非常重要，购买咖啡豆时包装信息中常会注明加工厂商的名字以及加工公司的名字，足以说明咖啡处理过程的重要性。

咖啡处理过程分为dry process（日晒法）和wet process（水洗法）。日晒法是将咖啡果实放入透风网床中或在地面铺展开晾干的方式，也是最为古老的一种方式。自然干燥的方式叫作natural。natural是将咖啡果实整体晾干的方式，因此在干燥的过程中果肉的味道会浸透到豆子中，烘焙咖啡豆时会有来自果肉的丰富味道和香味。但因为是采用在地面上晾干的方式，所以会有石子或树枝等异物混入，没有干燥完全或者干燥得不均衡的情况也时有发生。natural的方式多被用水不足的地区所采用，不需要器械或者设备，属于低价的方式，因此低廉的咖啡豆一般都是采用natural的方式进行加工的。

Natural的方式还有果肉日晒法（pulped natural）/蜜处理法（honey process），是指只去除果皮和果肉留下黏液质然后进行晾干的方式。日晒法是在将果肉与黏液质全部都留下的状态下晾干，因为咖啡果实固有的独特味道会散发出来，因此高级咖啡有时会故意选择natural的方式来处理咖啡豆。但是natural方式的弱点在于要花费大量的人力来干燥以及去除异物，干燥场所的建设与人工成本使其跃居为最贵的高级咖啡加工方式。

水洗法会在制作生豆时使用水。利用水洗法得到的咖啡豆具有品质均衡，酸味较明显等优势。这种方法主要在水源充足的地方或者资本投入较多的大农场中使用。水洗法是将咖啡的果壳和果肉剥去，甚至连黏液质也除去，全部过程都用水处理称为全水洗（full washed），如果只有一部分过程用水处理则称为半水洗（semi washed）。果肉日晒法plulped natural是在处理的过程中使用水所以也有将其分为半水洗的。半水洗与全水洗的最大差异就是在除去黏液质时是否将其泡在水中发酵即使用化学方法将黏液质除去，还是用刷子或者器械这样物理的方式除去。在水洗法中基本没有特别大的差异，有时甚至直接把半水洗标识为水洗。

肯尼亚在咖啡处理过程中为了追求品质基本上均采用全水洗方式，并将发酵和清洗各多增加一次来调节酸度。而且还有湿壳法（Giling Basar）这种独特的方式。除此之外还会按照环境条件或者根据不同地域独特的加工方式来加工。

如果在咖啡豆的包装信息中出现natural的话，就表明其有着丰富的味道和咖啡体感。如果是washed，那么等待你的将是干净的味道和酸味。plulped natural/honey process都是在natural中水准较高的方式，因此味道和品质都值得期待。

土耳其咖啡壶 IBRIK

即便没有咖啡占卜,土耳其咖啡壶也足以让使用者们沉浸在黄金色的异国情调中。

品名 土耳其咖啡壶Ibrik （1~2人用）

材质 铜

大小(竖×高×深)
225×182×80mm / 120ml

土耳其咖啡壶的构成 COMPONENTS

1. 萃取口
2. 瓶身
3. 手柄

土耳其咖啡壶的历史 HISTORY

公元6~7世纪,咖啡被埃塞俄比亚的人们所发现,在那里,人们将咖啡果实煮来吃。到了公元9世纪,各种新颖的食用方式流行起来,人们将炒过的咖啡果实磨碎成粉,将粉放入水中后放在炭火上煮,有的地区的人们还将粉放入加热的沙子中煮来喝。14世纪时,这种方式从奥斯曼土耳其帝国传播到东方,人们称其为土耳其式咖啡Turkish Coffee。土耳其式咖啡是最古老的咖啡萃取方式,一直到17~18世纪用绒制滤布过滤咖啡粉的萃取方式出现之前,土耳其式咖啡一直是萃取咖啡的主要方式。

喝土耳其式咖啡必不可少的器具有两个——一个是土耳其咖啡壶(Ibrik),另一个是铜壶(Cezve)。严格来讲,Ibrik在土耳其语中意为"装水的桶",所以其实它是有盖子的,壶嘴很长,模样接近水壶。Cezve是希腊语"燃烧的木柴,煤炭"的意思,所以常让我们联想到手柄很长的铜制小锅。现在提到土耳其式咖啡用具,它们被统称为土耳其咖啡壶,即Ibrik。

© photo from Rose Physical Therapy Group

土耳其咖啡壶的故事 TOOL STORY

最古老的混合咖啡

如果说咖啡的源头就是混合咖啡也绝不夸张。因为在采用最古老的萃取方式即用土耳其咖啡壶萃取时就会放入白糖或者不同的香料来中和萃取出的咖啡的苦味。因此,现在各种花式咖啡的始祖可以说是用这种最古老的萃取方式制作的咖啡了。

ⓒ photo by Eaeeae, from wikipedia 'Cezve'

温故知新

以前,此种壶是用导热性能好的铜制作的,但是随着时间的推移,逐渐改为使用不锈钢和陶瓷来制作了。近年来还出现了更具现代感的土耳其咖啡壶,热源也由原本的酒精灯改为燃气炉、可携带式燃气炉、电磁炉等更为多样化的热源。最近在土耳其还出现了电子壶的样式,土耳其咖啡壶不愧是能用现代方式进行再创造的咖啡器具。

古老的咖啡国家

在奥斯曼帝国统治时期,咖啡就已经深深扎根于土耳其人的生活中了。在当时,男人们为家族准备饮用的咖啡是一项作为家长的责任,如果这项工作做不好的话,基于法律保障,妻子对此拥有申请离婚的权利。贵族甚至有专门煮制咖啡的仆人;接生婆将咖啡作为产妇的镇痛剂使用;即将结婚的新郎在拜访新娘的父母时,新娘父母要品尝新郎煮制的咖啡后才决定是否允许他们结婚。1554年,在当时的奥斯曼帝国首都君士坦丁堡,在用地毯,各种宝石和瓷砖装饰的"Kabeh"咖啡屋中已经开始正式出售土耳其咖啡了。

"Kabeh"文化传播到欧洲，Kabeh之后才出现coffee，Café等词汇。

没有牙的牙床

购买土耳其咖啡壶要到某些精品咖啡店中购买，并且售价并不低。这个时候不一定非要用土耳其咖啡壶，可以试试其他代替器具，如购买与其外形基本类似的Milkpan。不过，因为Milkpan主要用于煮奶茶或婴儿食品，所以与Ibrik相比体积有些大是其不可忽视的缺点。不过可选择迷你型号的，大小正好，因此是咖啡爱好者们口口相传的有名器具。不过，低价制品的材质难免有些尖锐，清洗时有可能会将手划破所以务必要小心。

沟通的良好媒介

人们在品饮土耳其咖啡时常常将最后一口剩下，因为没有人会想喝曾经铺在地上的咖啡粉。土耳其人将这些恼人的咖啡粉升华为文化，这就是"咖啡占卜"。咖啡占卜是指在咖啡看起来还剩下一口时，想着自己的烦恼或是想要知道的事情，同时轻轻摇晃杯子，然后将杯子倒扣，杯底朝天，并等待杯子变凉。最后将杯子正放回原位，根据杯中残余的咖啡粉的形状进行占卜。咖啡占卜实际上并没有预言未来的作用，但是对于看重人际关系的土耳其人来说却是开启一个好话题的有用道具。

主要出现的咖啡粉花纹（咖啡花）的含义

心脏 意味着陷入了爱情或者希望结婚。预示着爱情或工作上的好运来临。

鸟 意味着在近处会有好事发生或者有相关的客人到访。

马 如果是未婚的人可能会结婚；如果是已婚的人，可能周围会有备受称赞的事情发生。

鱼 预示着有钱进账。鱼越大，金额越大。

乌龟 会遇见美丽的女性或者帅气的男性。

大象 会得到好的职位。或者在职的人会做出不错的业绩。

兔子 会迎来令你喜悦的事情。有好好观察一下周围事情的必要，因为要迎接的喜悦是需要倾注注意力的。特别是学生，意味着可能会在考试中取得好成绩。

数字1 将会得到爱。

数字2 不幸。将会有疾病。

数字3 事情将会成功。

鸭子 会有越来越多的钱进入家中。

骆驼 超级好。有许多钱进账或者接受喜欢的人的求婚。

猫 意味着温柔和温顺，会遇到才智很高的人。

公鸡 想将你与朋友分离的人会出现在你周围。

狗 由于是具有42颗牙齿的动物，所以某种愿望会在41天后实现。

树 树是大地的装饰，就像衣服，对人们来说则代表外貌和时尚。可着重关注一下首饰。

蛇 需要努力寻找周围隐藏的敌人。

路 决定开始新的路程，说明前方有开阔的道路。线的长度就是旅行的距离，线的深浅程度和明亮度代表了时间。深的线就是短期，浅的线或者看不太分明的线就意味着旅行的时间较长。

使用须知 NOTICES

咖啡粉要研磨得非常细

用土耳其咖啡壶制作土耳其式咖啡时,最重要的就是在咖啡豆粉碎度上花费心思。粉碎度要基本达到面粉的程度才可以,这就需要将磨豆机或者粉碎机的粉碎度设置为最细。如果咖啡粉不够细的话,煮咖啡时泡沫就不容易上升。最方便有效的方法就是将咖啡豆在设置为最细的磨豆机里研磨两次。

必备器材

大部分的土耳其咖啡壶使用的铁环比燃气灶上的铁环小一些。因此如果不购买圆形铁环或四脚架的话,在萃取咖啡的同时易存在安全隐患。即使是在百货商店购买的咖啡壶也可能没有圆形铁环,所以为了安全起见推荐在网上购卖。

土耳其咖啡壶的使用方法 INSTRUCTION

准备用具:

土耳其咖啡壶,热源(酒精灯或点火器,燃气灶,电磁炉等),杯子,比浓缩咖啡粉研磨得更碎的咖啡粉10g,纯净水100ml,白砂糖10~15g,手冲壶,木质搅拌棒

1.向咖啡杯中倒入热水预热后,向土耳其咖啡壶中注水,加热。

2.在等待1~2分钟之后,放入咖啡粉和白砂糖等香料和添加物。为了让其充分混合,用木质搅拌棒小心搅拌。如果太用力搅拌,咖啡味道会变得很浓重,慢慢地搅拌就可以了。

3.在煮咖啡的过程中如果有泡沫出现，在咖啡液溢出前将火调小约10秒，等待泡沫下沉后再次点火。

4.将步骤2重复3~5次。

5.将火熄灭，等到咖啡粉不再沸腾为止，大约等待1分钟。

6.将杯中预热用水倒掉，向杯中倒入咖啡。

使用小贴士 TIPS

土耳其人制作的土耳其式咖啡

对于土耳其人来说,咖啡就像是韩国的泡菜一样,并没有什么独特配方或者特别的饮用方法。就像地域不同制作泡菜的方法不同一样,土耳其咖啡壶的使用技巧就是"没有技巧",只需按照自己喜欢的方式煮咖啡,放入自己喜欢的材料就好。曾经拜托一位土耳其朋友教我制作土耳其式咖啡,她说不同地方不同家庭制作咖啡的方式都不一样,因此她还特别强调她自己的配方也不能说是最具代表性的。她的萃取方法就是按照顺序向壶中放入咖啡粉,水,使用木质搅拌棒不是逐个搅拌,而是将食材集中在一起混合搅拌,然后轻轻注水,待咖啡煮沸,就会产生泡沫,此时将咖啡壶放在火上,用勺子将升起来的泡沫舀在杯子中,最后向杯中倒入咖啡。因为是属于自己的配方所以她放入了一种叫作Cardamom的香料,一种与一般咖啡不同的特别味道也随之产生。

使用滤纸

因为咖啡粉口感发涩难以入口,所以需要使用滤纸和绒制滤布将咖啡粉过滤出来。在过滤咖啡粉时会花费较长时间但却能喝到更干净的咖啡。

漱口

将咖啡喝掉之后建议漱一下口。因为可能会有细小的咖啡粉粘在牙齿和牙床上。

© photo by Maxpax

购买和保养 BUY/MAINTENANCE

1.购买

土耳其咖啡壶
因制造商、材质、容量不同,价格也不同,约400~600元。

零件
圆形铁环 约20~50元

2.保养

如果壶生锈,可以将小苏打稀释后放入壶中并用布擦干净。如果生锈情况很严重,就将冰醋酸稀释后用布蘸取擦净。冰醋酸对人体有害,注意不要碰到皮肤。

3.清洗

1. 将咖啡渣倒入垃圾桶中。
2. 用手或者柔软的清洁球清洗咖啡壶。如果不得不使用洗涤剂,请尽量使用中性洗涤剂。
3. 清洗后为了防止生锈要等水分完全干燥。用干毛巾擦拭干净。

专业人士评价 STAFF'S EVALUATION

使用土耳其咖啡壶制作咖啡的5位专业人士对此器具进行评价。

使用的便利性

■■■◐□ 3.5   要时刻关注着咖啡有没有煮沸,因为咖啡液瞬间就有可能溢出。

清洗管理

■■■□□ 3.1   用水清洗然后晾干。

趣味性

■■■□□ 3.2   如果能巧妙地解释咖啡占卜的含义的话,或许能得到喜欢的异性的回应呢。

经济性

■■◐□□ 2.4   价格差异较大。

设计

■■◐□□ 2.6   有时会被误认为是厨具。

推荐配方 RECOMMEND RECIPE

在不放糖煮出的土耳其式咖啡中加入少许土耳其软糖Turkish delight,口感会发甜还略带些苦味,异国风味扑面而来。

咖啡实验室11

新鲜的咖啡豆

喜欢旅行吗？想去哪里呢？如果是一个经常去的地方那么就能给你安全感和熟悉感。去一个新地方虽然也会很激动，但是更多的是陌生感，同时也会有满意或者失望这两种可能。但如果特别喜欢这个新地方，就会经常想起并且还会再去。选择咖啡豆的过程与此类似。对于我来说，熟悉的咖啡豆带给我安全感，但是想尝试新鲜的豆子就像是想要去陌生地旅行一样。根据旅行地的地理位置和层次不同可能有高低不同的花费，但只有去过之后，才能体会此地的美妙。旅行地的好坏并不能根据花费的高低来判断，走过了许多地方累积了许多经验，便能体会到旅行地的不同之处。只有去到更多的地方才会明白自己曾经的视野是如此狭窄，片面地认为经常去的地方就是好地方。将选择咖啡豆当作选择旅行地一样尝试一下吧。有的人喜欢选择熟悉的豆子，也有的人喜欢去新的地方探险，为了拓宽味道和视野，挑战一下新鲜事物不是更好吗？再补充一句，记录旅行日志能让你感受更多，记忆更久，把接触到的新鲜豆子的感觉、味道记录下来，便能珍藏得更久。

咖啡器具综合评价

摩卡壶

咖啡浓度	浓咖啡（浓缩咖啡）
使用难易度	掌握了使用方法之后，基本不会失败。
评价／推荐	最低廉的萃取浓缩咖啡的方式。虽然无法期待制作出完美的浓缩咖啡，但是能得到与器具价格和努力成正比的浓缩咖啡。用它在家中制作浓缩咖啡或者浓缩花式咖啡再合适不过了。

新式法压壶

咖啡浓度	浓咖啡
使用难易度	按照既定的咖啡豆粉碎度和萃取时间来制作，会很简单。
评价／推荐	能够品尝到咖啡本源的味道的器具。能感受到浓厚的香气和咖啡体感。使用方法很简单，保养也很便捷。只是在萃取后的咖啡液中会留有一些咖啡渣，不喜欢咖啡渣口感的人最好不要选择法压壶。

爱乐压

咖啡浓度	调节萃取方式，用爱乐压也能萃取出浓咖啡。
使用难易度	使用方法很简单，但是想制作更符合心意的咖啡则需要多尝试几次。
评价／推荐	最适合一人使用的器具。按照自己的心情能制作出多种不同的咖啡，携带方便，是外出旅行的好帮手。

手工滴漏咖啡壶

咖啡浓度	一般浓度／较浓咖啡
使用难易度	萃取方法简单,但想制作出味道稳定的咖啡并不容易。萃取方式不同,味道差别较大。
评价／推荐	按照萃取者的想法,会萃取出味道多样的咖啡。如果配置齐全滴漏壶和肋骨等工具,花费较高。如果先从滴漏杯和滤纸买起,就可以从最低廉的方式入门。

chemex手冲咖啡壶

咖啡浓度	一般浓度／较浓咖啡
使用难易度	萃取方法简单,调节滤纸与咖啡壶的距离,萃取出的咖啡味道差距较小。
评价／推荐	设计优秀,味道稳定,玻璃材质保养起来较复杂。虽然价格高,但能够通过它享受美好的咖啡生活。

法兰绒滴漏咖啡壶

咖啡浓度	一般浓度／较浓咖啡
使用难易度	如果能用手工滴漏来调节水流的话,就不会很难。
评价／推荐	是想要长时间享受咖啡乐趣的人喜欢的方式。能感受到咖啡油脂特有的顺滑和丰富的咖啡体感,值得一试。熟练使用的人,可以借此感受到新的咖啡世界。

越南滴漏咖啡壶

咖啡浓度	浓咖啡
使用难易度	掌握了咖啡粉碎度后制作很容易。
评价／推荐	与法压壶相似,用越南滴漏咖啡壶萃取出的咖啡混合着咖啡油脂与咖啡粉末,更能让人品出咖啡本来的味道。但也因为混有咖啡颗粒令口感更涩。更适合制作混合了炼乳、牛奶以及糖浆的花式咖啡。这也是在无法制作出浓缩咖啡时最好的选择。

冰滴咖啡壶

咖啡浓度　调节萃取方法可以萃取出浓咖啡或者淡咖啡。

使用难易度　可以长时间一次性萃取出大容量的咖啡，需要提前做准备。这是一种绝对需要时间的萃取方式，因此与其他萃取方式相比，受外来因素的影响较小。但是在萃取初期很难确认是否出现萃取错误。

评价／推荐　可以制作大容量的咖啡，保存在冰箱中，非常适合认为萃取咖啡很麻烦或者很忙的人。与用热水萃取咖啡的味道完全不同，因此即使使用相同的咖啡豆也能享受到不同的味道。此器具装饰性很强。

虹吸式咖啡壶

咖啡浓度　调节萃取方法可以萃取出浓咖啡或者淡咖啡。

使用难易度　热源是酒精灯，需注意安全。

评价／推荐　要小心不要在搅拌咖啡的时候碰到玻璃。如果熟悉了调节咖啡时会产生的变化，意外的能享用到多样的咖啡。

很适合喜欢闲散的慢慢品尝咖啡的人。咖啡的萃取过程十分有趣，能够引发兴趣和好奇心，是与朋友聊天时的绝佳话题。

ROK 手压浓缩咖啡机

咖啡浓度	浓咖啡（浓缩咖啡）
用具使用难易度	调节好咖啡豆的粉碎度和热源，就能制作出美味的咖啡。当然也需要一点臂力。
评价／推荐	购买浓缩咖啡机比较困难，不妨尝试一下ROK手压浓缩咖啡机。 萃取一两杯的时间尚可，但是萃取三杯以上的时间较长，过程也变得很费力。

土耳其咖啡壶

咖啡浓度	浓咖啡
使用难易度	只要注意不要让咖啡液溢出来，使用方法并不难。
评价／推荐	虽然有较多的粉渣，但是味道较浓，适合喜欢美式咖啡或者手工滴漏咖啡的人。喜欢浓缩咖啡的人不妨尝试一下。

图片来源

P27 烘焙
photo by kris krüg, from flickr
https://goo.gl/f8Mrxp

P32 新式法压壶
photo by Kris Atomic, from flickr
https://unsplash.com/photos/3b2tADGAWnU

P33 新式法压壶
photo by Bryan Mills, from flickr
https://goo.gl/sEkaXl

P55 爱乐压
photo by Roland Tanglao, from flickr
https://goo.gl/EJgcNW

P70 手工滴漏式咖啡壶
photo by yoppy, from flickr
https://goo.gl/ydd8vH

P90 chemex手冲咖啡壶
photo by Ty Nigh, from flickr
https://goo.gl/ycLrQL

P92 chemex手冲咖啡壶
photo from amazon.com 'Diguo'

P99 chemex手冲咖啡壶
photo by Yara Tucek, from flickr
https://goo.gl/m0Y0UO

P132 越南滴漏咖啡壶
photo by Andrea Schaffer, from flickr
https://goo.gl/IiXU1f

P159 虹吸咖啡壶
photo by Nan Palmero, from flickr
https://goo.gl/rjAoB0

P200 土耳其咖啡壶
photo from Rose Physical Therapy Group, flickr
https://goo.gl/1PaGPu

P201 土耳其咖啡壶
photo from wikipedia 'Cezve'
https://en.wikipedia.org/wiki/Cezve

P209 土耳其咖啡壶
photo by Maxpax, from flickr
https://goo.gl/H0QKnD

커피툴스 © 2016 by Park Sunggyu & Lee Samuel

First published in Korea in 2016 by OPEN SCIENCE through Shinwon Agency Co., Seoul
Simplified Chinese version arranged through Shinwon Agency Co., Seoul.
Chinese translation (simplified characters) copyright © 2019 by Publishing House of Electronics Industry (PHEI).

本书简体中文版经由 OPEN SCIENCE会同Shinwon Agency Co., Seoul授予电子工业出版社在中国大陆出版与发行。专有出版权受法律保护。

版权贸易合同登记号 图字：01-2016-7632

图书在版编目（CIP）数据

咖啡器具品鉴·保养指南 / (韩) 朴星圭, (韩)Samuel Lee著；韩冰译. — 北京：电子工业出版社，2019.5

ISBN 978-7-121-36592-8

Ⅰ.①咖… Ⅱ.①朴… ②S… ③韩… Ⅲ.①咖啡－生活用具－指南 Ⅳ.①TS972.23-62

中国版本图书馆CIP数据核字(2019)第096693号

策划编辑：白　兰
责任编辑：张瑞喜
印　　刷：中国电影出版社印刷厂
装　　订：中国电影出版社印刷厂
出版发行：电子工业出版社
　　　　　北京市海淀区万寿路173信箱　邮编：100036
开　　本：880×1230　1/32　印张：7　字数：219千字
版　　次：2019年5月第1版
印　　次：2019年5月第1次印刷
定　　价：42.00元

凡所购买电子工业出版社图书有缺损问题，请向购买书店调换。若书店售缺，请与本社发行部联系，联系及邮购电话：（010）88254888，88258888。

质量投诉请发邮件至 zlts@phei.com.cn，盗版侵权举报请发邮件至 dbqq@phei.com.cn。

本书咨询联系方式：bailan@phei.com.cn，（010）68250802。